高等职业教育“十三五”创新示范教材

高等数学(IT类专业适用)

GAODENG SHUXUE (IT LEI ZHUANYE SHIYONG)

主　编　陈蕾蕾　邱　慧
副主编　缪雪峰
参　编　周　理　刘鸿雁　周晓燕

高等教育出版社·北京

内容提要

本书是高等职业教育“十三五”创新示范教材，是以教育部制定的《高职高专教育高等数学课程教学基本要求》为依据，本着“以应用为目的，以必需够用为原则”的指导思想，结合高职院校计算机专业生源的多样性，同时考虑高等职业教育对计算机类专业人才培养的要求编写而成的。

本书共分为7章，包括初等数学、极限与连续、导数及其应用、积分及其应用、矩阵与线性方程组、图论、命题逻辑。本书语言简练，淡化理论，突出实用，并配套了丰富的教学资源。其中部分资源可以通过扫描书中二维码获取。教师可以通过封底的联系方式获取更多资源。

本书可作为高等职业院校计算机类专业高等数学课程教材，也可供相关人员参考。

图书在版编目(CIP)数据

高等数学 / 陈蕾蕾，邱慧主编. —北京：高等教育出版社，2019. 7

IT类专业适用

ISBN 978-7-04-052234-1

Ⅰ. ①高… Ⅱ. ①陈… ②邱… Ⅲ. ①高等数学-高等职业教育-教材 Ⅳ. ①O13

中国版本图书馆CIP数据核字(2019)第140643号

策划编辑 张尕琳 **责任编辑** 陆韡良 **封面设计** 张文豪 **责任印制** 高忠富

出版发行	高等教育出版社	**网　　址**	http://www.hep.edu.cn
社　　址	北京市西城区德外大街4号		http://www.hep.com.cn
邮政编码	100120		http://www.hep.com.cn/shanghai
印　　刷	杭州广育多莉印刷有限公司	**网上订购**	http://www.hepmall.com.cn
开　　本	787mm×1092mm 1/16		http://www.hepmall.com
印　　张	11.75		http://www.hepmall.cn
字　　数	247千字	**版　　次**	2019年7月第1版
购书热线	010-58581118	**印　　次**	2019年7月第1次印刷
咨询电话	400-810-0598	**定　　价**	27.00元

物 料 号 52234-00

出版说明

当今，新一轮科技革命和产业升级，对现有的产业结构、生产方式和生活方式产生了深远的影响，也对高等职业教育提出了更高的要求和新的挑战．“十三五”时期是我国高等职业教育现代化建设的关键时期，加快发展现代高等职业教育已成为我国教育发展的重要战略．深化教学改革，提高教学质量，培养社会迫切需要的发展型、复合型和创新型的技术技能人才，促进高等职业教育健康持续发展，是高等职业教育工作者的历史使命．

课程和教材是高等职业教育教学改革的关键与核心，其开发和建设也伴随着我国经济发展进入了新的阶段．“十三五”期间，高等教育出版社组织来自全国高等职业院校的骨干教师、行业企业的教育培训专家和从事高等职业教育教学研究的专家，申报、立项了一批中国职业技术教育学会教学工作委员会、教材工作委员会有关高等职业教育课程改革和教材建设的研究课题．这些课题研究成果体现了高等职业教育教学改革的新思想、新观念，有力地促进了高等职业教育教学改革的发展．在此基础上，高等教育出版社上海出版事业部组织编写、修订并出版了一批反映当前高等职业教育教学改革研究与实践成果的创新示范教材．教材的编写着重在以下几个方面进行了创新尝试．

精炼编写内容

教材内容紧扣立德树人的核心要求，把培养学生的职业道德、职业素养和创新创业能力融入教学内容和教学活动设计中，力图通过全局设计、过程贯通、细节安排提升职业教育课程教学的内涵，培养德智体美全面发展的社会主义事业接班人．

技术的快速发展、经济转型升级使职业教育的专业结构调整、课程内容更新更为常态化，编写满足培养行业、企业人才需要的职业教育新教材，也是本系列教材在创新示范方面的突出特色．

系列教材对部分重点课程还采用了“一纲多本”的编写形式，即同一课程编写多种版本，较好地解决了“通用性”和“个性化”的矛盾．教材内容编写遵守共同基础与多样选择相统一的原则，构建更加开放、更具弹性的课程教材体系，为教师选择和使用教材提供空间，以适应“分层教学”和“专业需求多元化”的现实．

丰富内容组织

高等职业教育课程内容的多样化特征决定了教材多样化的特点．本系列教材不拘于统一的内容组织形式，以满足课程教学需要、有助于职业人才的培养为核心，切实服务于任务引领、项目驱动等多种形式的职业教育课程改革．

本系列教材在内容组织和编写体例方面，根据课程性质、教材内容特点和教学的实际需要进行了多样化的尝试，避免了“章节体”一统天下的局面. 教材在结构编排上，在每部分内容的开始有导学，构建学习情景，提出本部分内容的学习目标，在结束时用小结方式强调重点，最后用习题等形式帮助学生自我检查评价. 在呈现形式上，体例新颖活泼、直观，用大量的插图表达，双色、彩色印刷使“重点”“难点”醒目、鲜明. 着重在“便教”与“利学”上努力创新，强化教材的使用功能.

服务教学设计

教学设计是教师以教育教学原理为依据，为了达到教学目标，根据学生认知特点，对教学过程、教学内容、教学组织形式、教学方法和使用的教学手段进行的策划. 教学资源在服务教学设计中具有举足轻重的作用. 应用现代教育技术的数字化教学资源，具有丰富的表现力，可以突破教学重点和难点；交互性强，可以充分发挥学生的主体作用；信息量大，更新方便，大大提高学习效率；可碎片化，易于二次开发，方便综合化利用和共享. 本系列教材依托高等教育出版社已建设成熟的MOOC、SPOC平台，数字出版技术，以及二维码资源平台，统筹规划教学资源建设，为课程教学设计和创新教学方法提供有力的支撑.

教师是教学改革的主体. 教学改革与教材建设只有得到教师的支持与参与，才有成功的可能. 在教材和配套教学资源建设的同时，我们陆续组织了各种形式的教师培训、教学研讨活动，以帮助教师确立现代职业教育理念，促进教学质量与效率的提高，实现教学改革与教材建设的同步发展.

本系列创新示范教材的出版及其配套工作是一项持续进行、不断完善的工程，我们殷切希望能够得到广大教师的支持和积极参与，共同创新、示范，分享高等职业教育教学改革的成果与经验，为我国高等职业教育的发展做出应有的贡献.

高等教育出版社

2017年6月

前　言

本书是高等职业教育“十三五”创新示范教材，是以教育部制定的《高职高专教育高等数学课程教学基本要求》为依据，本着“以应用为目的，以必需够用为原则”的指导思想，结合高职院校计算机类专业生源的多样性，同时考虑高等职业教育对计算机类专业人才培养的要求编写而成的.

高等数学是计算机类专业的一门公共基础课程. 编者在本书的编写过程中，与相关专业教师积极沟通，力求做到与计算机类专业紧密结合. 教材内容的选取力求在广度上做到为专业学习提供必备的数学知识，在深度上充分兼顾到高职学生的学习基础和实际接受能力，同时，随着高等职业院校生源愈加多样化，学生的层次和学习能力都有所不同，因此在编写过程中，本书充分考虑到这种生源的变化，以初等数学知识作为开篇，简明扼要地将高等数学常用的一些初等数学知识和方法进行复习和整理，为不同层次和起点的学生学习高等数学打下良好的基础.

本书语言简练，淡化理论，突出实用，在内容的选择上大胆地略去了传统数学教材中较为复杂的定理、公式等的推导和证明，但对必要的基本理论、基本方法和基本技能的阐释尽可能详细具体、深入浅出. 本书注重数学思维的培养和方法的应用，讲练结合. 对重要知识点的表述力求简明扼要，尽可能从学生熟悉且易于理解或感兴趣的问题入手，使理论知识的学习更加易于理解和掌握. 同时，为了培养和引导学生具备应用数学知识解决实际问题的意识和能力，大部分章节都尽可能结合生活实例、专业实例安排“应用拓展”的内容，使学生感受到数学知识的趣味性和实用性，提高学生的学习兴趣.

本书包括初等数学、极限与连续、导数及其应用、积分及其应用、矩阵与线性方程组、图论、命题逻辑七章内容. 本书可作为高等职业院校计算机类专业高等数学课程教材，也可供相关人员参考.

本书由四川邮电职业技术学院陈蕾蕾、邱慧任主编，黎明职业大学缪雪峰任副主编，周理、刘鸿雁、周晓燕参与了本书的编写.

本书在编写过程中，得到了编者所在单位领导的大力支持，同时也得到了相关教研室及同行的帮助，在此深表谢意.

由于编者的水平有限，书中不妥之处在所难免，恳请同仁和读者批评指正.

编　者

2019 年 7 月

目　录

第 1 章 初等数学

在学习高等数学时，会用到一些初等数学的知识. 为了帮助起点不同、层次不同的同学学习高等数学，本章回顾和整理了在高等数学学习中需要用到的初等数学的重要知识，起到承上启下的作用.

笔记

1.1 集合

1.1.1 集合的定义

定义 1.1.1 一般地，我们把研究的对象统称为元素，把具有某种特定性质的元素组成的总体称为集合(简称集). 给定的集合，它的元素必须是确定的、互不相同的.

只要构成两个集合的元素是一样的，就可以称这两个集合是相等的.

通常用大写拉丁字母 A, B, C, …表示集合；用小写拉丁字母 a, b, c, …表示集合中的元素. 如果 a 是集合 A 的元素，就说"a 属于集合 A"，记作"$a\in A$"；如果 a 不是集合 A 的元素，就说"a 不属于集合 A"，记作"$a\notin A$". 比如，将"不大于 7 的正整数"记作集合 A，则 $3\in A$，而 $12\notin A$.

由数组成的集合称为数集，数学中常用的数集如下.

由全体非负整数组成的集合称为非负整数集(或自然数集)，记作 $\mathbf{N}$.

由所有正整数组成的集合称为正整数集，记作 $\mathbf{N}^*$ 或 $\mathbf{N}_+$.

由全体整数组成的集合称为整数集，记作 $\mathbf{Z}$.

由全体有理数组成的集合称为有理数集，记作 $\mathbf{Q}$.

由全体实数组成的集合称为实数集，记作 $\mathbf{R}$.

不含任何元素的集合叫作空集，记作 $\varnothing$.

1.1.2 集合的表示

1. 列举法

把集合的元素一一列举出来，并用花括号"{ }"把元素括起来表示集合的方法称为列举法. 如由不大于 5 的正整数组成的集合可以表示为

$$\{1,\ 2,\ 3,\ 4,\ 5\}.$$

注意：两个相等的集合是指两个集合中的元素完全相同，而与列举的顺序无关，所以$\{5,\ 4,\ 3,\ 2,\ 1\}$仍然是表示由不大于 5 的正整数组成的集合.

2. 描述法

用集合所有元素的共同特性来表示集合的方法称为描述法. 如$\{x|x$ 是直角三角形$\}$，由平面上第二象限所有点组成的集合可表示为$\{(x,\ y)\mid x<0,\ y>0\}$，不大于 5 的正整数组成的集合可表示为$\{x\in \mathbf{N}^{*}\mid x\leqslant 5\}$.

1.1.3 用区间表示的集合

动画：区间

区间是指数轴上介于两点(含无穷远点)之间的线段或直线上实数的全体组成的集合，通常有如下的几种形式.

1. 闭区间

典型的闭区间$[a,\ b]=\{x\mid a\leqslant x\leqslant b\}$ (其中 $a<b$)，如图 1-1-1 所示.

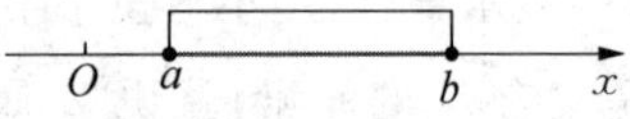

图 1-1-1

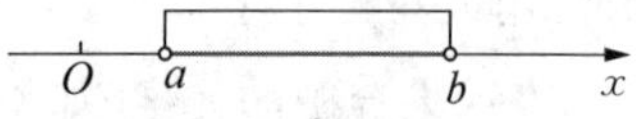

图 1-1-2

2. 开区间

典型的开区间$(a,\ b)=\{x\mid a<x<b\}$ (其中 $a<b$)，如图 1-1-2 所示.

比如$(-\infty,\ +\infty)$表示实数集，$(a,\ +\infty)$表示由全体大于 a 的实数组成的集合，$(-\infty,\ b)$表示由全体小于 b 的实数组成的集合.

3. 半开半闭区间

典型的半开半闭区间$(a,\ b]=\{x\mid a<x\leqslant b\}$或$[a,\ b)=\{x\mid a\leqslant x<b\}$ (其中 $a<b$). 比如，$[a,\ +\infty)$表示由全体不小于 a 的实数组成的集合，如图 1-1-3 所示.

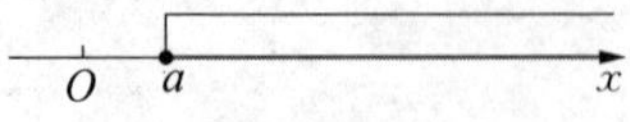

图 1-1-3

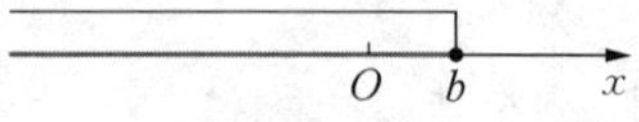

图 1-1-4

$(-\infty,\ b]$表示由全体不大于 b 的实数组成的集合，如图 1-1-4 所示.

动画：邻域

4. 邻域

设 a 与 δ 是两个实数，且 $\delta>0$，区间 $(a-\delta,\ a+\delta)$（也可用 $\{x\,|\,|x-a|<\delta\}$ 表示）称为点 a 的 δ 邻域，记作“$U(a,\ \delta)$”，如图 1-1-5 所示.

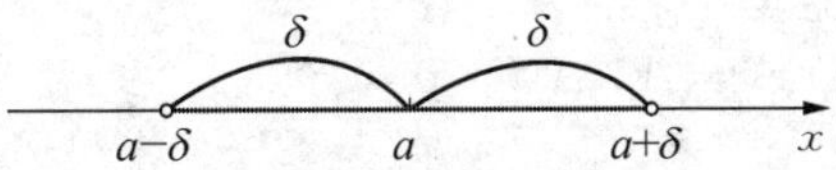

图 1-1-5

由图 1-1-5 可见，点 a 是这个邻域的中心，δ 是这个邻域的半径. 点 a 的去心 δ 邻域记作“$\mathring{U}(a,\ \delta)$”，即

$\mathring{U}(a,\ \delta)=(a-\delta,\ a)\cup(a,\ a+\delta)$（也可用 $\{x\mid 0<|x-a|<\delta\}$ 表示）.

笔记

1.1.4　集合的基本关系及运算

1. 集合的基本关系

一般地，若集合 A 的任意一个元素都属于集合 B，那么可以说集合 A 与集合 B 有包含关系，称集合 A 是集合 B 的子集，记作“$A\subseteq B$”，读作“A 包含于 B”或者“B 包含 A”，即

$$\{x\mid \forall x\in A\Rightarrow x\in B\},$$

如图 1-1-6 所示.

比如 $\mathbf{N}\subseteq\mathbf{Z}\subseteq\mathbf{Q}\subseteq\mathbf{R}$.

如果集合 $A\subseteq B$ 且 $B\subseteq A$，则此时集合 A 与集合 B 所含的元素是一样的，因此集合 A 与集合 B 相等，记作“$A=B$”.

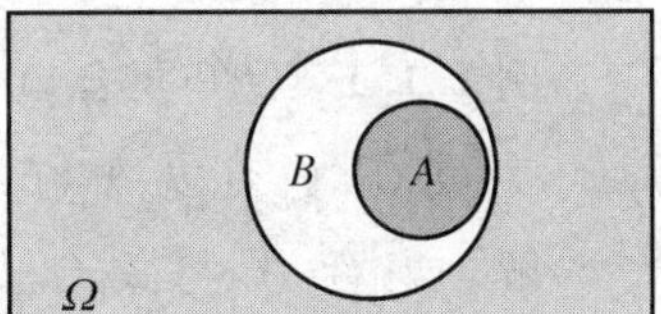

图 1-1-6

2. 集合的运算

(1) 交集

由集合 A 与集合 B 的所有公共元素组成的集合称为两个集合的交集，记作“$A\cap B$”，读作“A 交 B”，即

$$A\cap B=\{x\mid x\in A\text{ 且 }x\in B\},$$

如图 1-1-7 所示.

笔记

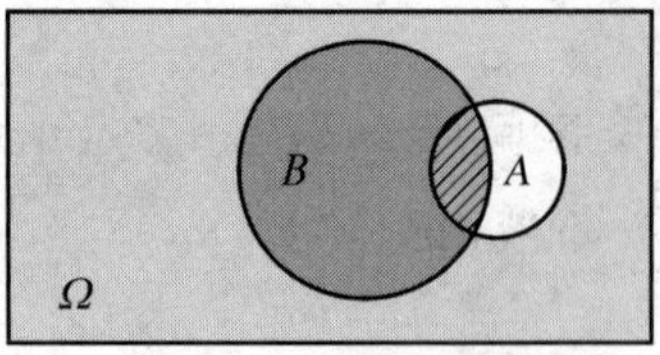

图 1-1-7

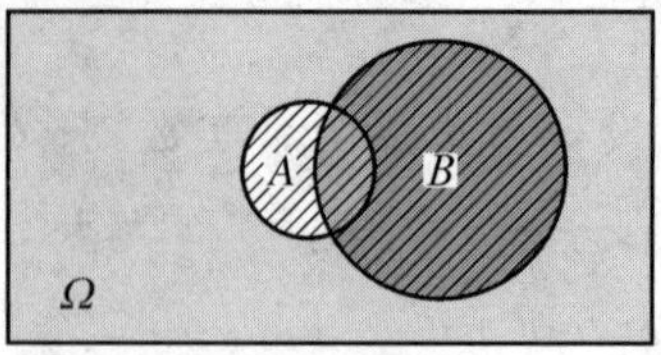

图 1-1-8

一般地，$A \cap A = A$，$A \cap \varnothing = \varnothing$.

(2) 并集

由所有属于集合 A 或集合 B 的元素组成的集合称为两个集合的并集，记作“$A \cup B$”，读作“A 并 B”，即

$$A \cup B = \{x \mid x \in A \text{ 或 } x \in B\},$$

如图 1-1-8 所示.

一般地，$A \cup A = A$，$A \cup \varnothing = A$.

(3) 补集

一般地，如果一个集合含有我们所研究问题中涉及的所有元素，那么就称这个集合为全集，通常记作“Ω”.

对于一个集合 A，由全集 Ω 中不属于集合 A 的所有元素组成的集合称为集合 A 相对于全集 Ω 的补集，简称为集合 A 的补集，记作“$\complement_\Omega A$”，即

$$\complement_\Omega A = \{x \mid x \in \Omega \text{ 且 } x \notin A\},$$

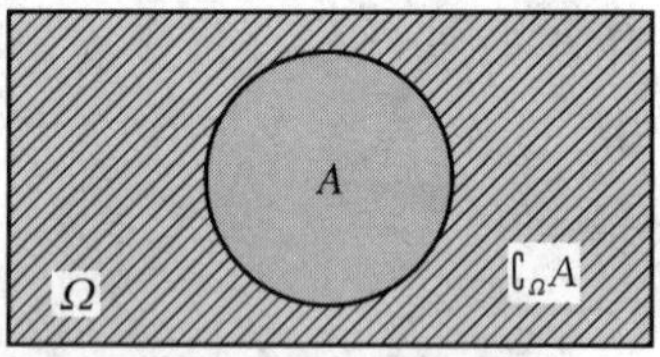

图 1-1-9

如图 1-1-9 所示.

例 1.1.1 已知集合 $A = \{x \mid -1 \leqslant x \leqslant 2\}$，集合 $B = \{x \mid 0 < x < 3\}$，求 $A \cap B$ 及 $A \cup B$.

解 集合 A 与集合 B 所表示的区间如图 1-1-10 及图 1-1-11 所示.

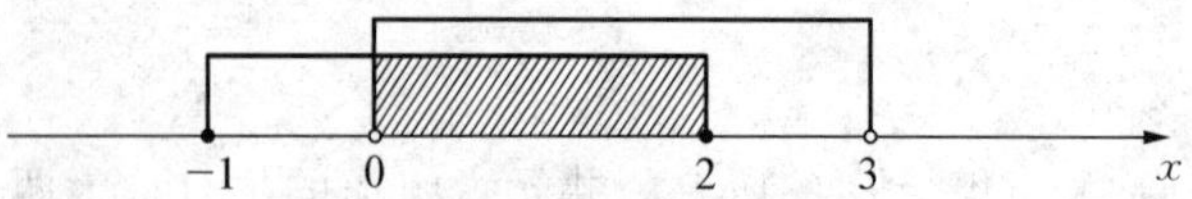

图 1-1-10

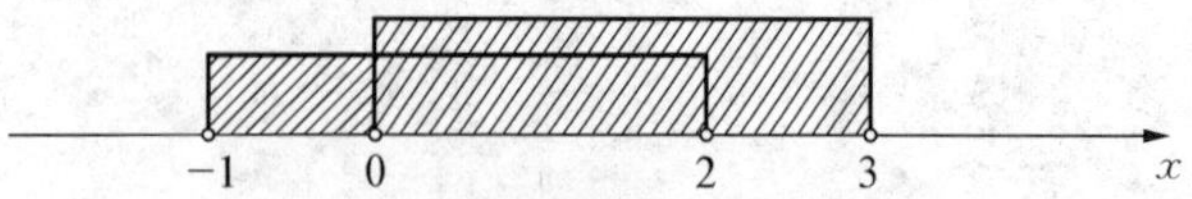

图 1-1-11

笔记

故 $A \cap B=\{x \mid 0<x \leqslant 2\}$.

故 $A \cup B=\{x \mid -1 \leqslant x<3\}$.

例 1.1.2　已知集合 $\{x \mid x^2+ax=0\}=\{0, 1\}$，则实数 a 的值是多少？

解　$x^2+ax=x(x+a)=0$ 的解为 0，1，则 $a=-1$.

例 1.1.3　某班有学生 40 人，每人至少懂得一种外语（英语或日语），其中懂得英语的有 30 人，懂得日语的 25 人，问同时懂得英语和日语两种语言的人有多少？

解　设 $A=\{$班上懂得英语的学生$\}$，$B=\{$班上懂得日语的学生$\}$，$A \cup B=\{$班上的学生$\}$，$A \cap B=\{$班上既懂得英语又懂得日语的学生$\}$.

$$n(A \cap B)=n(A)+n(B)-n(A \cup B)=30+25-40=15.$$

1.1.5　应用拓展

集合的思想可以帮助人们解决日常生活中的一些统计问题，比如有一个关于数学的脑筋急转弯：

两对父子一起到餐厅用餐，服务员却只给了他们三副餐具，为什么？其实，“两对父子”只有儿子、爸爸和爷爷三个人，重复了爸爸这个人，当然只需要三副餐具. 这个脑筋急转弯体现出集合思想在生活中的应用.

能力训练 1.1

1. 下列各组对象能组成集合吗？为什么？

(1) 某班所有高个子的学生；

(2) 著名的艺术家；

(3) 倒数等于它自身的实数；

(4) 第一象限内的点；

(5) 1, 2, 2, 3, 4, 5.

2. 请用适当的符号填空.

(1) a____$\{a, b, c\}$；

(2) $\{1\}$____$\{x \mid x-1=0\}$；

(3) $\{1, 2\}$____$\{x \mid x^2-3x+2=0\}$；

(4) $\varnothing$____$\mathbf{R}$.

3. 用集合表示“不等式 $x^2-4x-5>0$ 的解”为：________.

4. 已知集合 $A=\{x \mid x^2-2x-15 \leqslant 0\}$，集合 $B=\{x \mid$

$|x+1|>1\}$，则 $A\cap B=$________，$A\cup B=$________.

5. 已知集合 $A=\{1, 4, x\}$，集合 $B=\{1, x^2\}$，若 $A\cap B=B$，则 x 的值是________.

文本：能力训练 1.1 参考答案

6. 已知集合 $A=\{x\mid -2\leqslant x\leqslant 5\}$，集合 $B=\{x\mid m+1\leqslant x\leqslant 2m-1\}$，且 $A\cup B=A$，则实数 m 的取值范围是__________.

7. 50 名学生参加甲、乙两项体育活动，每人至少参加了一项，参加甲项的学生有 40 名，参加乙项的学生有 20 名，则仅参加了一项活动的学生人数为________.

8. 一个班有 50 人. 班主任在班会上问：“谁做完了数学作业?”这时有 40 人举手. 又问：“谁做完了语文作业?”这时有 31 人举手. 最后又问：“谁语文、数学作业都没有做完?”有 4 人举手. 请问：这个班语文、数学作业都做完的有几人?

笔记

1.2 函　数

1.2.1 函数的概念

定义 1.2.1 设有两个变量 x 和 y，当变量 x 在非空数集 D 内取某一数值时，变量 y 按照某种对应法则 f，总有确定的数值与之对应，则称变量 y 为变量 x 的**函数**，记作

$$y=f(x),$$

其中 x 称为**自变量**，y 称为**函数**或**因变量**，数集 D 称为函数 $f(x)$ 的**定义域**，相应 y 值的集合称为函数的**值域**. 如果自变量在定义域内任意取一个确定的值时，函数只有唯一一个确定的值和它对应，这种函数叫作**单值函数**，否则叫作**多值函数**. 本书所说的函数都指的是单值函数.

当自变量 x 在其定义域内取某定值 x_0 时，将因变量 y 按照函数关系 $y=f(x)$ 求出的对应值 y_0 称为“当 $x=x_0$ 时的函数值”，记作“$f(x_0)$”或“$y|_{x=x_0}$”.

函数的定义域、对应法则、值域称为函数的三要素. 函数的表示方法一般有**解析法**、**表格法**、**图像法**等.

当函数用解析法表示时，求函数定义域的原则是使函数表达式有意义. 一般地，函数的定义域要求如下.

(1) 分式中，分母不能等于 0.

(2) 开偶次方根,被开方式必须大于等于 0.

(3) 对数的真数必须大于 0,底大于 0 且不等于 1.

(4) $x^0 = 1$,但 $x \neq 0$.

(5) 正切符号下的式子必须不等于 $k\pi + \frac{\pi}{2}$ $(k \in \mathbf{Z})$.

(6) 余切符号下的式子必须不等于 $k\pi$ $(k \in \mathbf{Z})$.

(7) 反正弦、反余弦符号下的式子的绝对值必须小于等于 1.

如果表达式中同时涉及以上几种情况,那么就应该求它们的交集作为定义域. 特别地,在实际应用问题中,除了要根据函数表达式本身来确定自变量的取值范围以外,还要考虑到变量的**实际意义**. 比如:距离与时间的函数关系 $s = 2t^2 + 10$ 中,时间 t 的定义域就不能取到负数.

例 1.2.1　下列函数是否相同?为什么?

动画:两个函数是否相同?

(1) $y = x^2$ 与 $y = t^2$;　　(2) $y = \sqrt{x^2}$ 与 $y = (\sqrt{x})^2$;

(3) $y = \sqrt[3]{x^3}$ 与 $y = x$;　　(4) $y = \lg x^2$ 与 $y = 2\lg x$.

解　(1) $y = x^2$ 与 $y = t^2$ 是相同函数,因为其定义域、对应法则都相同.

(2) $y = \sqrt{x^2}$ 的定义域是 $\mathbf{R}$, $y = (\sqrt{x})^2$ 的定义域是 $[0, +\infty)$,因为定义域不同,所以它们不是相同函数.

(3) $y = \sqrt[3]{x^3}$ 与 $y = x$ 是相同函数,因为其定义域、对应法则都是相同的.

(4) $y = \lg x^2$ 的定义域是 $(-\infty, 0) \cup (0, +\infty)$, $y = 2\lg x$ 的定义域是 $(0, +\infty)$,因为定义域不同,所以它们不是相同函数.

需要特别指出的是,两个函数相同的本质,是它们的定义域与对应法则完全一致,而不在于自变量、因变量用何种字母表示. 只要它们的定义域与对应法则是一致的,那么这两个函数相同.

例 1.2.2　求下列函数的定义域.

(1) $y = \sqrt{5 - x} + \lg(x - 1)$;

(2) $y = \sqrt{-x^2 + 4x - 3}$;

(3) $y = \dfrac{\ln(x + 3)}{x^2 - 1}$;

*(4) $y = \dfrac{\arcsin(x - 1)}{\sqrt{4 - x^2}} + \log_3(2x - 1)$.

笔记

解 (1) 由偶次方根被开方式非负,且对数的真数部分为正,有 $\begin{cases}5-x\geqslant 0,\\ x-1>0,\end{cases}$ 解得 $\begin{cases}x\leqslant 5,\\ x>1,\end{cases}$ 即定义域为$(1, 5]$.

(2) 由偶次方根被开方式非负,得 $-x^2+4x-3\geqslant 0$,解得 $1\leqslant x\leqslant 3$,即定义域为$[1, 3]$.

(3) 由对数的真数必须大于0,且分式的分母不为0,得 $\begin{cases}x^2-1\neq 0,\\ x+3>0,\end{cases}$ 解得 $\begin{cases}x\neq 1,\ x\neq -1,\\ x>-3,\end{cases}$ 即定义域为 $(-3, -1)\cup(-1, 1)\cup(1, +\infty)$.

*(4) 本题包含了多种情况,要使式子有意义,x 必须同时满足

$$\begin{cases}|x-1|\leqslant 1,\\ 4-x^2>0,\\ 2x-1>0,\end{cases}\text{即}\begin{cases}0\leqslant x\leqslant 2,\\ -2<x<2,\\ x>\dfrac{1}{2},\end{cases}$$

解得 $\dfrac{1}{2}<x<2$,即定义域为$\left(\dfrac{1}{2}, 2\right)$.

例 1.2.3 设 $f(x+1)=x^2+3x+5$,求 $f(x)$.

解 令 $x+1=t$,则 $x=t-1$,所以

$$f(t)=(t-1)^2+3(t-1)+5=t^2+t+3,$$

故

$$f(x)=x^2+x+3.$$

1.2.2 分段函数

微课:分段函数

如果在函数的定义域内,自变量 x 在不同的取值范围内,函数有着不同的对应关系,这样的函数通常叫作**分段函数**,比如

$$y=|x|=\begin{cases}-x,\ x<0,\\ x,\ x\geqslant 0.\end{cases}$$

注意,分段函数是一个函数,而不是几个函数;分段函数的定义域是各段定义域的并集,值域是各段值域的并集.

例 1.2.4 设函数 $f(x)=\begin{cases}\cos x,\ x\leqslant 0,\\ \sqrt{x},\ x>0,\end{cases}$ 求:

(1) 定义域; (2) $f\left(-\dfrac{\pi}{2}\right)$, $f(1)$.

解　(1) 分段函数的定义域是各段自变量取值集合的并集，所以其定义域为 $R=(-\infty,+\infty)$.

(2) 因为 $-\frac{\pi}{2}\leqslant 0$，所以 $f\left(-\frac{\pi}{2}\right)=\cos\left(-\frac{\pi}{2}\right)=0$；

因为 $1>0$，所以 $f(1)=1$.

例 1.2.5　用分段函数表示函数 $f(x)=|x-1|+2$，并画出函数的图像.

解　根据绝对值定义可知，

当 $x-1\geqslant 0$，即 $x\geqslant 1$ 时，$|x-1|=x-1$，

当 $x-1<0$ 即 $x<1$ 时，$|x-1|=-(x-1)=1-x$，

所以 $f(x)=\begin{cases}3-x, & x<1,\\ x+1, & x\geqslant 1.\end{cases}$

函数图像如图 1-2-1 所示.

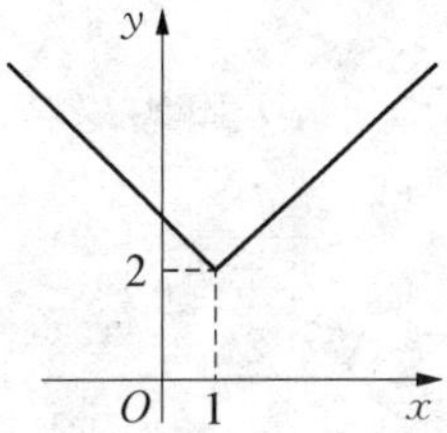

图 1-2-1

1.2.3　反函数

动画：反函数

定义 1.2.2　设函数 $y=f(x)$ 的定义域为 D，值域为 M，如果对于 M 中的每一个 y 值，都有一个确定的、且满足 $y=f(x)$ 的 x 值与之对应，则确定了一个以 y 为自变量的函数 $x=\varphi(y)$，通常把这个函数称为 $y=f(x)$ 的**反函数**，常记作

$$x=f^{-1}(y),$$

这个函数的定义域为 M，值域为 D，并称 $y=f(x)$ 为原函数，为了符合大家用 x 表示自变量，用 y 表示因变量的习惯，通常将 $x=f^{-1}(y)$ 改写为 $y=f^{-1}(x)$.

函数与反函数的图像关于 $y=x$ 对称，如图 1-2-2 所示，进一步可得，单调函数一定有反函数.

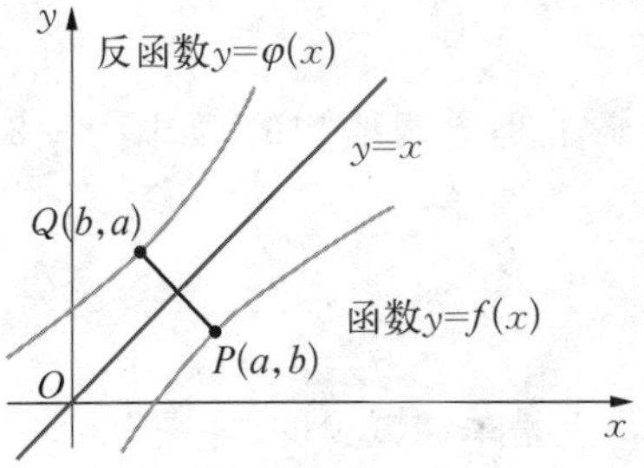

图 1-2-2

求反函数的方法是：首先从 $y=f(x)$ 解出 $x=f^{-1}(y)$，然后交换字母 x 和 y，即可得到反函数.

例 1.2.6 求下列函数的反函数.

(1) $y=3x+1$；

(2) $y=2x^2-1\ (x<0)$.

解 (1) 由函数 $y=3x+1$，解出 $x=\dfrac{y-1}{3}$，然后交换字母 x 和 y，即得 $y=\dfrac{x-1}{3}$.

(2) 由函数 $y=2x^2-1$ 先求出 $x^2=\dfrac{y+1}{2}$，考虑 $x<0$，故 $x=-\sqrt{\dfrac{y+1}{2}}$，然后交换字母 x 和 y，即得 $y=-\sqrt{\dfrac{x+1}{2}}$.

1.2.4 函数的基本性质

动画：函数的有界性

1. 有界性

定义 1.2.3 设函数 $y=f(x)$ 的定义域为 D，如果存在正数 M，使得对任意的 $x\in D$，有

$$|f(x)|\leqslant M,$$

则称函数 $f(x)$ 为**有界函数**；否则称为**无界函数**. 有界函数的图像 $y=f(x)$ 必介于两条平行于 x 轴的直线 $y=-M$ 和 $y=M$ 之间.

比如：常见的函数 $y=\sin x$，$y=\cos x$ 是有界函数，因为 $|\sin x|\leqslant 1$，$|\cos x|\leqslant 1$. 而 $y=x^2$ 是无界函数.

动画：函数的单调性

2. 单调性

定义 1.2.4 设函数 $f(x)$ 在区间 I 上有定义，如果任意两个数 x_1、$x_2\in I$，当 $x_1<x_2$ 时，有

$$f(x_1)<f(x_2),$$

则称函数 $f(x)$ 在 I 上是**单调增加的**，如图 1-2-3 所示；当 $x_1<x_2$ 时，有

$$f(x_1)>f(x_2),$$

则称函数 $f(x)$ 在 I 上是**单调减少的**，如图 1-2-4 所示. 单调增加函数与单调减少函数统称为单调函数.

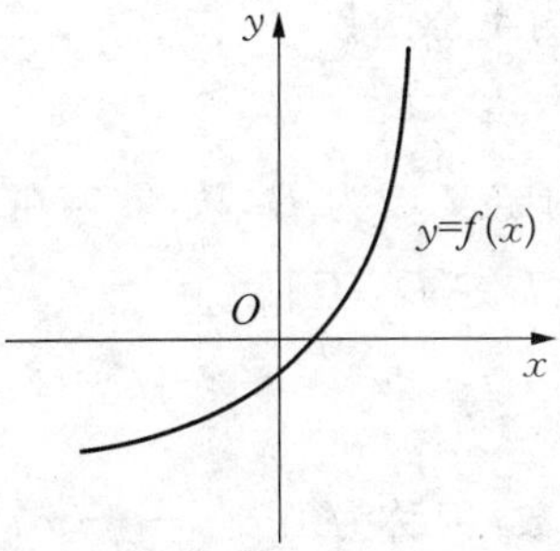

图 1-2-3

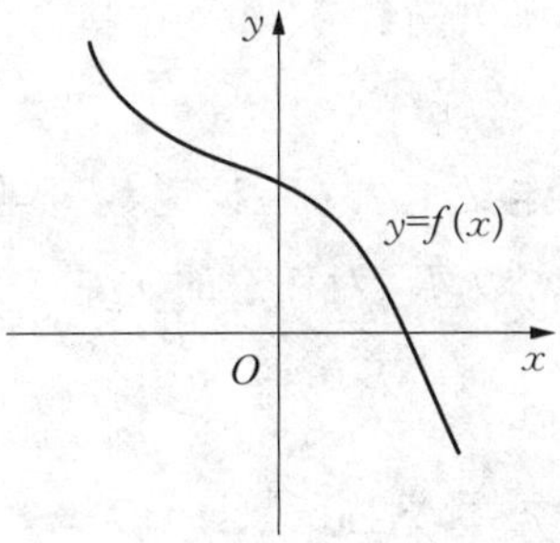

图 1-2-4

3. 奇偶性

定义 1.2.5　设函数 $y=f(x)$ 的定义域 D 关于原点对称，如果对任意的 $x\in D$，都有

$$f(-x)=-f(x),$$

则称函数 $f(x)$ 为**奇函数**；如果对任意的 $x\in D$，都有

$$f(-x)=f(x),$$

则称函数 $f(x)$ 为**偶函数**. 既不是奇函数，又不是偶函数的函数称为**非奇非偶函数**.

动画：函数的奇偶性

注意：讨论函数是否具有奇偶性的前提条件是该函数的定义域必须是关于原点的对称区间，否则就没有讨论的意义了. 在平面直角坐标系中，奇函数的图形关于原点对称，如图 1-2-5 所示；偶函数的图形关于 y 轴对称，如图 1-2-6 所示.

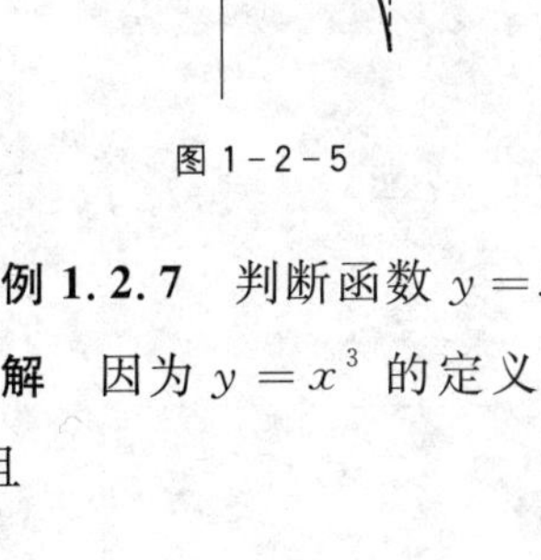

图 1-2-5

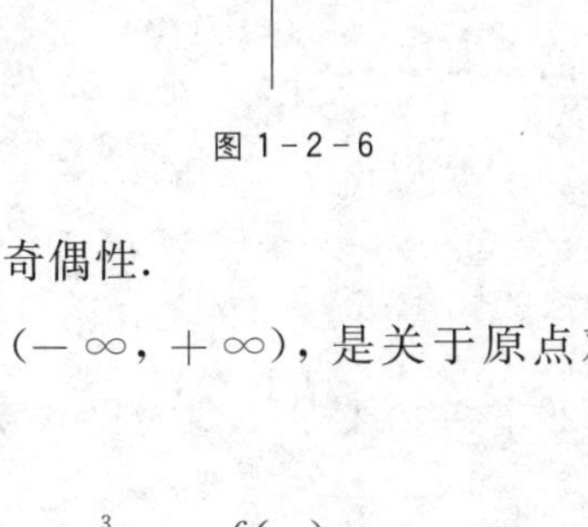

图 1-2-6

例 1.2.7　判断函数 $y=x^3$ 的奇偶性.

解　因为 $y=x^3$ 的定义域为 $(-\infty,+\infty)$，是关于原点对称的，且

动画：判断函数的奇偶性

$$f(-x)=(-x)^3=-x^3=-f(x),$$

所以函数 $y=x^3$ 在其定义域区间内是奇函数.

动画：函数的周期性

4. 周期性

定义 1.2.6 设函数 $y=f(x)$ 的定义域为 D，如果存在不为 0 的常数 T，对任意的 $x\in D$，有 $x+T\in D$，且使

$$f(x+T)=f(x)$$

恒成立，那么称函数 $y=f(x)$ 为**周期函数**，T 称为函数 $y=f(x)$ 的**周期**，通常把满足上式的最小正数 T 称为函数 $y=f(x)$ 的**最小正周期**.

1.2.5 应用拓展

在“心灵感应”魔术中，魔术师请出一位助手，让这位助手背对着所有观众坐在椅子上，并且用布蒙住助手的双眼，然后魔术师走到观众身边，随机地拿起观众的私人物品，比如手表、纸巾、钥匙等，面朝所有观众高高举起这些物品以便观众能看到，然后魔术师让助手猜他拿到的是什么物品，每次助手都能正确作出回答，这是为什么呢？

笔记

事实上，魔术师事先就与助手设计了一整套“函数”，其“定义域”就是魔术师说出的话，而其“值域”就是魔术师手里拿到的各种物品的名称，对应法则则是由他和助手事先约定好的，比如：

f（这是什么东西）＝手表；

f（这个东西是什么）＝钥匙；

f（想想看，这是什么东西）＝纸巾；

f（猜猜，这是什么）＝手机；

f（我手里拿的是什么）＝钞票；

……

也就是说，如果魔术师问：“这是什么东西？”，助手就会回答：“手表.”；魔术师问：“想想看，这是什么东西？”，助手就会回答：“纸巾.”；……

所以每个人都可以玩这个游戏，不过需要游戏参与者具有良好的记忆力和心理素质.

能力训练 1.2

1. 已知 $f(x)=\begin{cases}x^2-1, & x\leqslant 0,\\ 2x, & x>0,\end{cases}$ 求 $f(-2)$，$f(0)$，$f(1)$，并画出函数的图像.

2. 设 $f(x)=\dfrac{1}{x}$，求 $f[f(x)]$.

3. $f(x)=3x+5$，求 $f[f(x)-2]$.

4. 求下列函数的定义域.

(1) $y=\arccos(x+1)$；　　(2) $y=\sqrt{x^2-3x+2}$；

(3) $y=\tan\left(x+\dfrac{\pi}{3}\right)$；　　(4) $y=\dfrac{\ln(x+1)}{\sqrt{2-x}}$.

5. 求下列每组中的两个函数是否相同？

(1) $y=\dfrac{x^2}{x}$ 与 $y=x$；

(2) $y=\dfrac{x^2-1}{x-1}$ 与 $y=x+1$；

(3) $y=\sin t$ 与 $y=\sin x$；

(4) $y=\sqrt{x}\sqrt{x+1}$ 与 $y=\sqrt{x(x+1)}$.

6. 求下列函数的反函数.

(1) $y=\dfrac{1}{x+1}\ (x\neq-1)$；　　(2) $y=3^{2x+5}$.

7. 确定下列函数在定义域内的奇偶性.

(1) $y=x^2+2|x|$；　　(2) $y=x+\tan x$.

8. 图 1-2-7 中，哪几个图像分别与下列三个故事吻合得最好？并请为剩下的那个图像写一个故事.

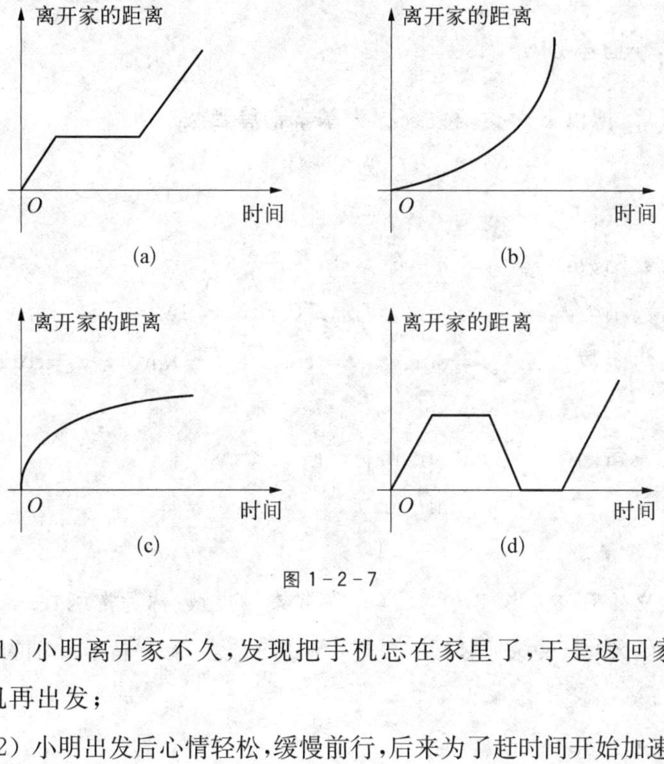

图 1-2-7

(1) 小明离开家不久，发现把手机忘在家里了，于是返回家里找到手机再出发；

(2) 小明出发后心情轻松，缓慢前行，后来为了赶时间开始加速前进；

(3) 小明骑着车一路匀速行驶，只是在途中遇到一长串交通堵塞，耽搁了一些时间.

9*. 根据 2018 年 10 月 1 日起施行的新版个人所得税的计算方法，居民全年综合收入不超过 60 000 元的部分不必纳税，超过 60 000 元的部分为全年应纳税所得额，应纳个人所得税＝全年应纳税所得额×税率，累进税率见表 1－2－1.

表 1－2－1

全年应纳税所得额	税率/%
不超过 36 000 元的部分	3
超过 36 000 元至 144 000 元的部分	10
超过 144 000 元至 300 000 元的部分	20

注：为简化计算，本题不考虑各种专项扣除、专项附加扣除和依法确定的其他扣除.

文本：能力训练 1.2 参考答案

试计算(1) 某人全年综合收入共计 140 000 元，应纳税多少？

(2) 某人全年应缴纳此项税款为 10 000 元，那么他当月的工资、薪金是多少？

1.3 初等函数

1.3.1 基本初等函数

通常，把以下六类函数统称为**基本初等函数**.

常函数：　$y=C$ (C 为常数).

幂函数：　$y=x^{\mu}$ ($\mu\in\mathbf{R}$ 且 $\mu\neq0$).

指数函数：　$y=a^{x}$ ($a>0$ 且 $a\neq1$).

对数函数：　$y=\log_{a}x$ ($a>0$ 且 $a\neq1$).

三角函数：　$y=\sin x$，$y=\cos x$，$y=\tan x$，$y=\cot x$，$y=\sec x$，$y=\csc x$.

反三角函数：　$y=\arcsin x$，$y=\arccos x$，$y=\arctan x$，$y=\operatorname{arccot} x$.

1. 常函数

定义 1.3.1　形如 $y=C$ (C 为常数)的函数称为常函数.

常函数的定义域是 $\mathbf{R}$，$C\neq0$ 时，函数图像是一条平行于 x 轴的直线.

2. 幂函数

动画：幂函数

定义 1.3.2　形如

笔记

$$y = x^{\mu} (\mu \in \mathbf{R} \text{ 且 } \mu \neq 0)$$

的函数称为幂函数.

幂函数的情况比较复杂，当 μ 取不同值的时候，幂函数的定义域是不同的，在这里主要讨论 $x \in [0, +\infty)$ 时的情形，而当 $x \in (-\infty, 0)$ 时的情形可以根据函数的奇偶性来确定. 这里主要分 $\mu > 0$ 和 $\mu < 0$ 两种情况来讨论.

(1) 当 $\mu > 0$ 时，幂函数的图像过原点 $(0, 0)$ 和点 $(1, 1)$，在 $x \in [0, +\infty)$ 时函数是单调增加的. 当 $0 < \mu < 1$ 时，函数图像与 x 轴形成开口，函数值的增长速度越来越慢；当 $\mu > 1$ 时，函数图像与 y 轴形成开口，函数值的增长速度越来越快，如图 1 - 3 - 1.

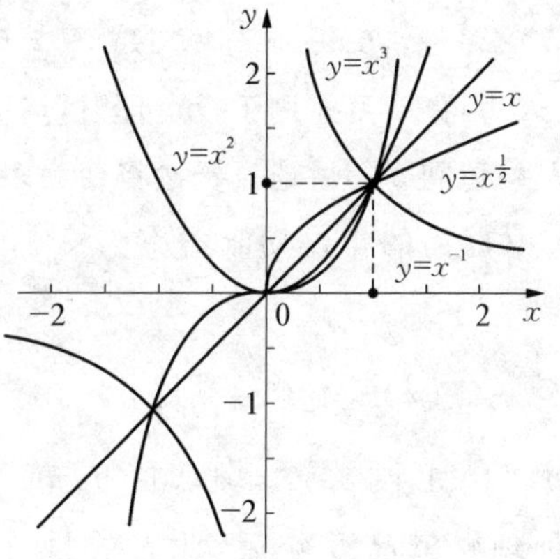

图 1 - 3 - 1

(2) 当 $\mu < 0$ 时，幂函数的图像过点 $(1, 1)$，在 $x \in [0, +\infty)$ 时是单调减少的，并且图像以 x 轴和 y 轴为渐近线.

3. 指数函数

定义 1.3.3　形如

$$y = a^{x} (a > 0 \text{ 且 } a \neq 1)$$

的函数称为指数函数，其中常数 a 称为底数.

动画：指数函数

(1) 当 $a > 1$ 时，指数函数单调增加；当 $0 < a < 1$ 时，指数函数单调减少；

(2) 指数函数 $y = a^{x} (a > 0$ 且 $a \neq 1)$ 的定义域为 $(-\infty, +\infty)$，值域为 $(0, +\infty)$，由于 $a^{0} = 1$，因此所有的指数函数的图像都会过点 $(0, 1)$，且以 x 轴为水平渐近线，如图 1 - 3 - 2 所示.

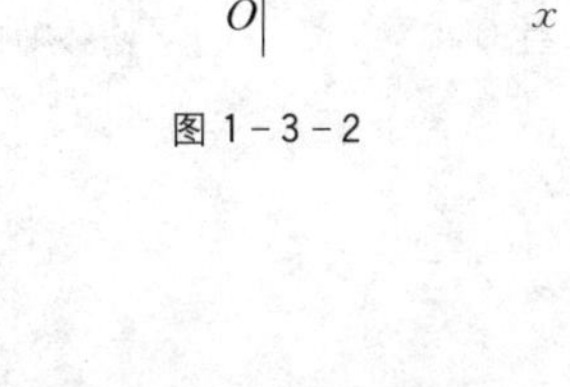

图 1 - 3 - 2

笔记

例 1.3.1 试比较下列两个数的大小：

(1) $1.5^{0.7}$，$1.5^{0.5}$； (2) $0.7^{-2.1}$，0.7^{-3}； (3) $1.7^{0.3}$，$0.9^{3.1}$.

解 (1) $1.5^{0.7}$ 与 $1.5^{0.5}$ 可看作指数函数 $y=1.5^x$ 的两个函数值，由于 $1.5>1$，所以指数函数 $y=1.5^x$ 在 $(-\infty,+\infty)$ 上是单调增加的，由于 $0.7>0.5$，故 $1.5^{0.7}>1.5^{0.5}$.

(2) $0.7^{-2.1}$ 与 0.7^{-3} 可看作指数函数 $y=0.7^x$ 的两个函数值，由于 $0<0.7<1$，所以指数函数 $y=0.7^x$ 在 $(-\infty,+\infty)$ 上是单调减少的，由于 $-2.1>-3$，故 $0.7^{-2.1}<0.7^{-3}$.

(3) $1.7^{0.3}$ 与 $0.9^{3.1}$ 虽然不能看作是同一个指数函数的两个函数值，但是可以先在这两个数值之间找一个数值，将这一个数值与原来两个数值分别比较大小，然后确定原来两个数值的大小关系. 由于 $1.7^{0.3}>1.7^0=1$，$0.9^{3.1}<0.9^0=1$，故 $1.7^{0.3}>0.9^{3.1}$.

例 1.3.2 某人想将10万元用于投资理财，选定某种理财产品的年浮动收益率为7%，请问5年后他投资额将变为多少？

解 若该种理财产品的年浮动收益率为7%，那么设经过 x 年后，他的投资额变为

$$f(x)=10(1+7\%)^x,$$

当 $x=5$ 时，$f(5)=10(1+7\%)^5\approx 14.03$(万元).

所以投资该种理财产品5年后，此人的投资额将变为14.03万元.

4. 对数函数

定义 1.3.4 一般地，如果 $a^x=N$ $(a>0$ 且 $a\neq 1)$，那么数 x 叫作以 a 为底的 N 的对数，记作 $x=\log_a N$，其中 a 叫作对数的底数，N 叫作真数.

通常，把以10为底的对数叫作**常用对数**，并把 $\log_{10} N$ 记作 $\lg N$. 另外，将以无理数 e(e=2.718 28…) 为底的对数叫作**自然对数**，并把 $\log_e N$ 记作 $\ln N$.

动画：对数函数

定义 1.3.5 形如

$$y=\log_a x \ (a>0 \text{ 且 } a\neq 1)$$

的函数称为对数函数，其中常数 a 称为底数.

(1) 当 $a>1$ 时，对数函数单调增加，函数图像以 y 轴为渐近线；当 $0<a<1$ 时，对数函数单调减少，函数图像以 y 轴为渐近线，如图1-3-3所示.

(2) 对数函数 $y=\log_a x$ ($a>0$ 且 $a\neq 1$) 的定义域为 $(0,+\infty)$，值域为 $(-\infty,+\infty)$，由于 $a^0=1$，即 $0=\log_a 1$，因此所有的对数函数的图像都会过点 $(1,0)$.

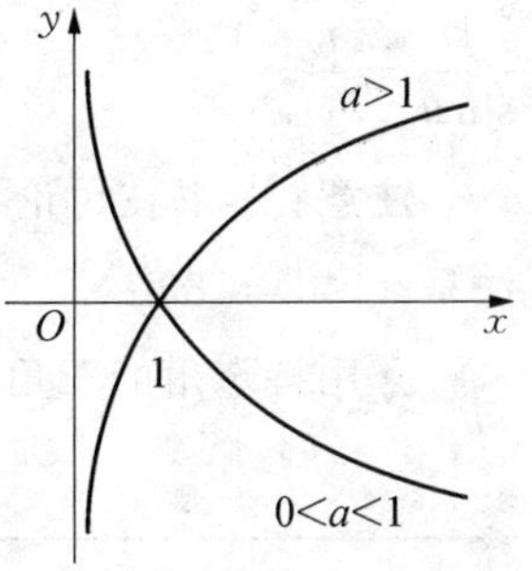

图 1-3-3

(3) 同底数的指数函数和对数函数互为反函数，故它们的图像关于直线 $y=x$ 对称.

例 1.3.3　将下列指数式化为对数式，对数式化为指数式.

(1) $10^3=1\,000$；　(2) $2^{-3}=\dfrac{1}{8}$；

(3) $\log_{\frac{1}{2}} 8=-3$；　(4) $\ln 10\approx 2.303$.

解　(1) $\lg 1\,000=3$.　(2) $\log_2 \dfrac{1}{8}=-3$.

(3) $\left(\dfrac{1}{2}\right)^{-3}=8$.　(4) $e^{2.303}\approx 10$.

5. 三角函数

角可以看成平面内一条射线绕端点从一个位置旋转到另一个位置所形成的图形. 一般规定，按逆时针方向旋转形成的角叫作**正角**；按顺时针方向旋转形成的角叫作**负角**；如果一条射线没有作任何旋转，就称它为零角. 角可以用度为单位进行度量，1 度的角等于周角的 $\dfrac{1}{360}$，这种制度称为角度制. 数学上还采用另一种度量角的制度，即弧度制.

动画：正弦函数、余弦函数

定义 1.3.6　把长度等于半径的弧所对的圆心角叫作 1 弧度角，用符号 rad 表示，$360^\circ=2\pi$ rad，所以 $1^\circ=\dfrac{\pi}{180}$rad，1 rad $\approx 57.3^\circ=57^\circ 18'$.

动画：正切函数、余切函数

在平面坐标系中，用如下方法定义任意角 θ 的三角函数，如图 1-3-4 所示，其中 $r=|OP|$：

① $\sin\theta=\dfrac{y}{r}$；② $\cos\theta=\dfrac{x}{r}$；

③ $\tan\theta=\dfrac{y}{x}$；④ $\cot\theta=\dfrac{x}{y}$；

⑤ $\sec\theta=\dfrac{1}{\cos\theta}=\dfrac{r}{x}$；⑥ $\csc\theta=$

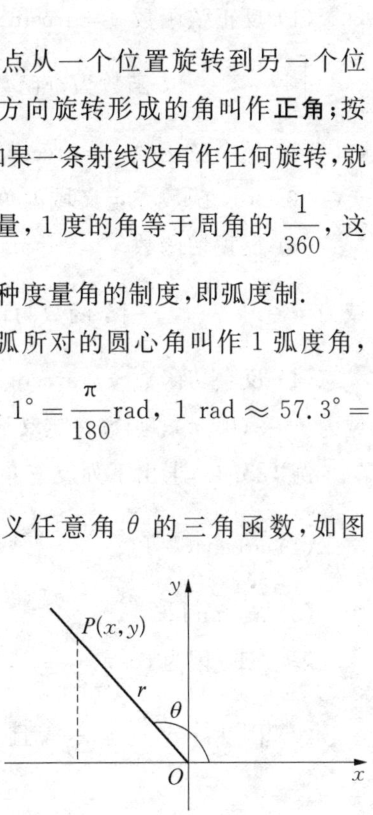

图 1-3-4

$\frac{1}{\sin\theta}=\frac{r}{y}$.

注意： 本书在讨论三角函数的自变量 x 时都采用弧度制，转换方法是 $\pi\ \text{rad}=180°$.

常用特殊角的三角函数值见表 1-3-1.

表 1-3-1

x	角度/rad				
	0	$\frac{\pi}{6}$	$\frac{\pi}{4}$	$\frac{\pi}{3}$	$\frac{\pi}{2}$
$y=\sin x$	0	$\frac{1}{2}$	$\frac{\sqrt{2}}{2}$	$\frac{\sqrt{3}}{2}$	1
$y=\cos x$	1	$\frac{\sqrt{3}}{2}$	$\frac{\sqrt{2}}{2}$	$\frac{1}{2}$	0
$y=\tan x$	0	$\frac{\sqrt{3}}{3}$	1	$\sqrt{3}$	不存在
$y=\cot x$	不存在	$\sqrt{3}$	1	$\frac{\sqrt{3}}{3}$	0

动画：反正弦函数、反余弦函数

动画：反正切函数、反余切函数

6. 反三角函数

(1) 反正弦函数 $y=\arcsin x$，其定义域为 $x\in[-1,1]$，值域为 $y\in\left[-\frac{\pi}{2},\frac{\pi}{2}\right]$，函数为奇函数，在定义域内单调增加，有界.

(2) 反余弦函数 $y=\arccos x$，其定义域为 $x\in[-1,1]$，值域为 $y\in[0,\pi]$，函数在定义域内单调减少，有界.

(3) 反正切函数 $y=\arctan x$，其定义域为 $x\in(-\infty,+\infty)$，值域为 $y\in\left(-\frac{\pi}{2},\frac{\pi}{2}\right)$，函数为奇函数，在定义域内单调增加，有界.

(4) 反余切函数 $y=\operatorname{arccot} x$，其定义域为 $x\in(-\infty,+\infty)$，值域为 $y\in(0,\pi)$，函数在定义域内单调减少，有界.

例 1.3.4 求出下列反三角函数的值.

(1) $\arccos(-1)$； (2) $\arcsin\frac{\sqrt{3}}{2}$；

(3) $\arctan 1$； (4) $\arcsin(-1)$.

解 (1) 因为 $\cos\pi=-1$，且 $\pi\in[0,\pi]$，所以 $\arccos(-1)=\pi$.

(2) 因为 $\sin\frac{\pi}{3}=\frac{\sqrt{3}}{2}$，且 $\frac{\pi}{3}\in\left[-\frac{\pi}{2},\frac{\pi}{2}\right]$，所以 $\arcsin\frac{\sqrt{3}}{2}=\frac{\pi}{3}$.

(3) 因为 $\tan\dfrac{\pi}{4}=1$，且 $\dfrac{\pi}{4}\in\left(-\dfrac{\pi}{2},\dfrac{\pi}{2}\right)$，所以 $\arctan 1=\dfrac{\pi}{4}$.

(4) 因为 $\sin\left(-\dfrac{\pi}{2}\right)=-1$，且 $-\dfrac{\pi}{2}\in\left[-\dfrac{\pi}{2},\dfrac{\pi}{2}\right]$，所以 $\arcsin(-1)=-\dfrac{\pi}{2}$.

微课：基本初等函数

上述六大类基本初等函数的主要特征汇总见表 1-3-2.

表 1-3-2

函数	表达式	定义域与值域	图　像	性　质
常函数	$y=C$	$x\in(-\infty,+\infty)$； $y\in\{C\}$	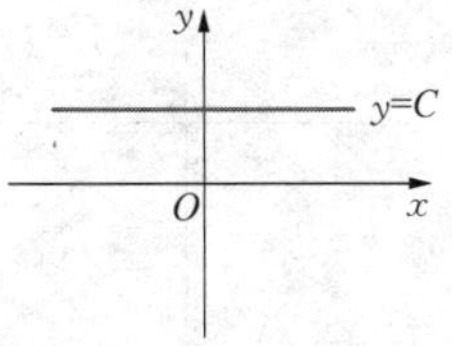	函数是偶函数
幂函数	$y=x^{\mu}$ ($\mu\in\mathbf{R}$ 且 $\mu\neq 0$)	定义域与值域随着 μ 的不同而不同	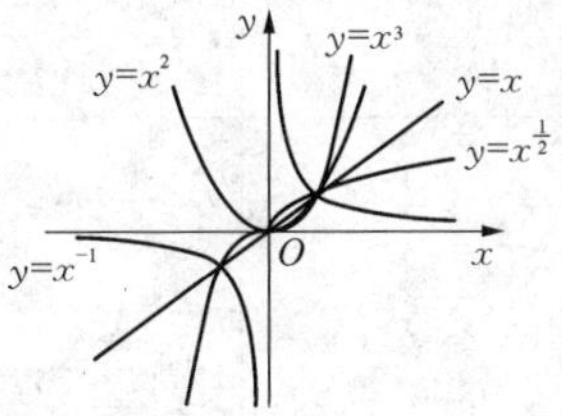	$\mu>0$ 时，函数图像过 (0, 0) 和 (1, 1)，当 $x\in[0,+\infty)$ 时函数单调增加； $\mu<0$ 时，函数图像过 (1, 1)，当 $x\in[0,+\infty)$ 时函数单调减少
指数函数	$y=a^{x}$ ($a>0$ 且 $a\neq 1$)	$x\in(-\infty,+\infty)$； $y\in(0,+\infty)$	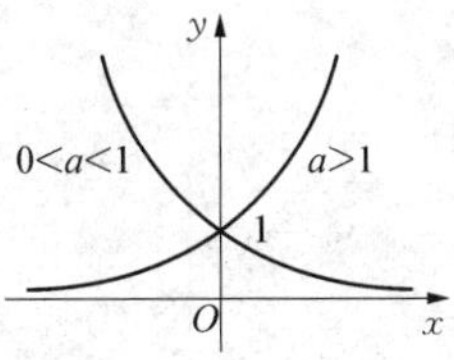	函数图像过 (0, 1)，以 x 轴为水平渐近线； 当 $a>1$ 时，函数单调增加； 当 $0<a<1$ 时，函数单调减少
对数函数	$y=\log_a x$ ($a>0$ 且 $a\neq 1$)	$x\in(0,+\infty)$； $y\in(-\infty,+\infty)$	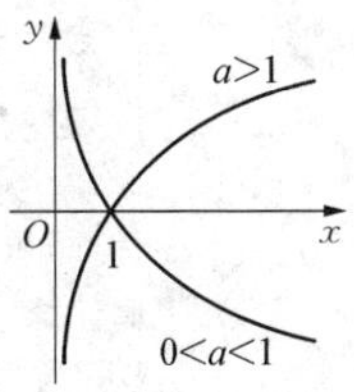	函数图像过 (1, 0)，以 y 轴为垂直渐近线； 当 $a>1$ 时，函数单调增加； 当 $0<a<1$ 时，函数单调减少

笔记

笔记

续 表

函数	表达式	定义域与值域	图 像	性 质
正弦函数	$y=\sin x$	$x\in(-\infty,+\infty)$; $y\in[-1,1]$	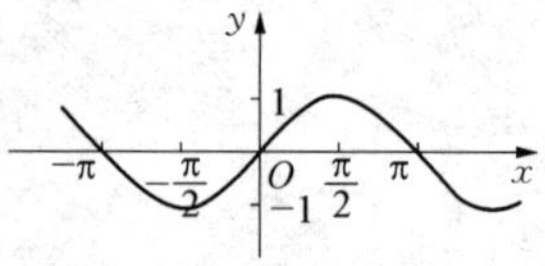	函数为奇函数,$T=2\pi$,有界
余弦函数	$y=\cos x$	$x\in(-\infty,+\infty)$; $y\in[-1,1]$	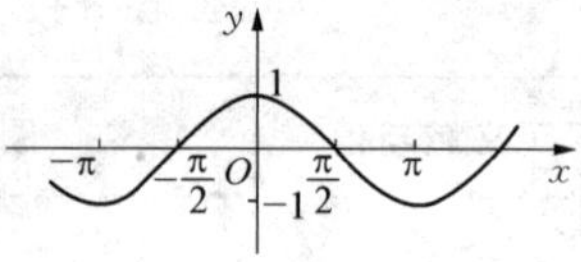	函数为偶函数,$T=2\pi$,有界
正切函数	$y=\tan x$	$x\neq k\pi\pm\frac{\pi}{2}\ (k\in\mathbf{Z})$; $y\in(-\infty,+\infty)$	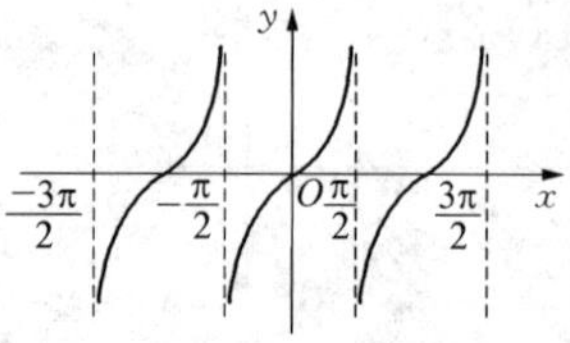	函数为奇函数,$T=\pi$
余切函数	$y=\cot x$	$x\neq k\pi$ $(k\in\mathbf{Z})$; $y\in(-\infty,+\infty)$	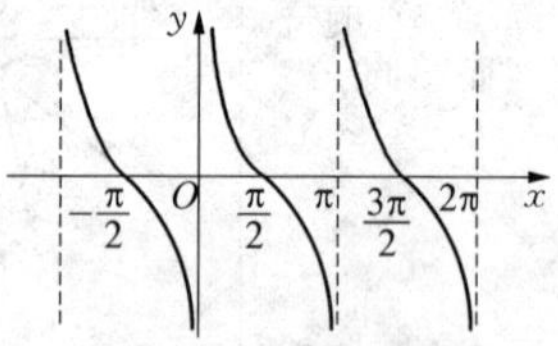	函数为奇函数,$T=\pi$
反正弦函数	$y=\arcsin x$	$x\in[-1,1]$; $y\in\left[-\frac{\pi}{2},\frac{\pi}{2}\right]$	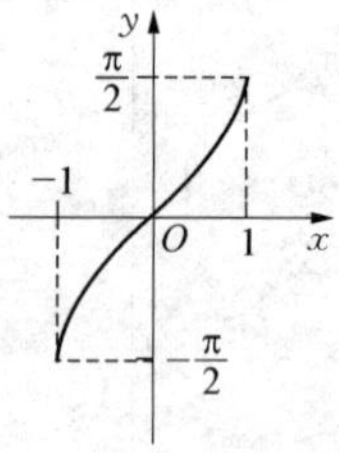	函数为奇函数,单调增加,有界
反余弦函数	$y=\arccos x$	$y\in[-1,1]$; $y\in[0,\pi]$	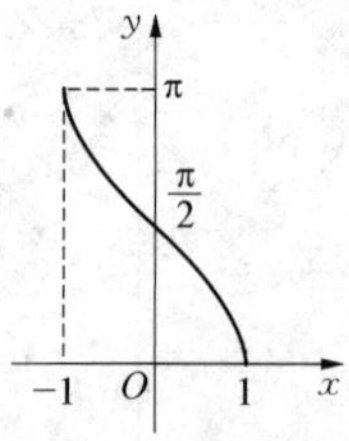	函数单调减少,有界

笔记

续　表

函数	表达式	定义域与值域	图　　像	性　质
反正切函数	$y=\arctan x$	$x\in(-\infty,+\infty)$；$y\in\left(-\dfrac{\pi}{2},\dfrac{\pi}{2}\right)$	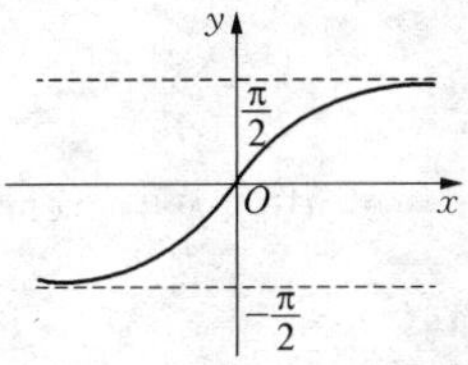	函数单调增加，有界
反余切函数	$y=\operatorname{arccot} x$	$x\in(-\infty,+\infty)$；$y\in(0,\pi)$	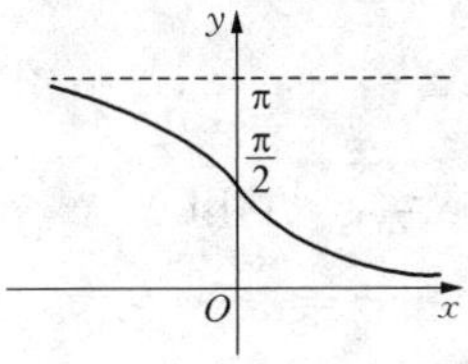	函数单调减少，有界

1.3.2　复合函数

定义 1.3.7　设函数 $y=f(u)$ 且在 D 上有定义，而 u 是 x 的函数：$u=\varphi(x)$ 且定义域为 D_1，若函数 $u=\varphi(x)$ 的值域 $\varphi(D_1)\subset D$，则称此函数为 $y=f(u)$ 和 $u=\varphi(x)$ 复合而成的函数，简称复合函数，记作 $y=f[\varphi(x)]$，其中 u 称为中间变量.

注意：(1) 不是任何两个函数都可以复合成一个函数，比如：$y=\sqrt{u}$，$u=-x^2$，因为函数 $y=\sqrt{u}$ 的定义域 D：$u\in[0,+\infty]$，函数 $u=-x^2$ 的值域 $\varphi(D_1)$：$u\in[-\infty,0]$，即 $\varphi(D_1)\not\subset D$，所以这两个函数不能复合.

(2) 复合函数不仅可以有一个中间变量，还可以有多个中间变量，比如：$y=\sin u$，$u=\sqrt{v}$，$v=x^2+1$，则它们可以复合成函数 $y=\sin\sqrt{x^2+1}$.

例 1.3.5　将下列函数 y 表示成 x 的复合函数，并指出其定义域.

(1) $y=u^2$，$u=\ln x$；　　(2) $y=\sin u$，$u=v^2$，$v=\dfrac{x}{2}$；

(3) $y=\arcsin u$，$u=\mathrm{e}^x$.

解　(1) 将函数 $u=\ln x$ 代入 $y=u^2$，得 $y=\ln^2 x$，此时函数的定义域为 $x\in(0,+\infty)$.

笔记

(2) 先将函数 $v=\frac{x}{2}$ 代入 $u=v^2$，得 $u=\left(\frac{x}{2}\right)^2$，再将 $u=\left(\frac{x}{2}\right)^2$ 代入 $y=\sin u$，得 $y=\sin\left(\frac{x}{2}\right)^2$，此时函数的定义域为 $x\in(-\infty,+\infty)$.

(3) 将函数 $u=\mathrm{e}^x$ 代入 $y=\arcsin u$，得 $y=\arcsin \mathrm{e}^x$，此时函数的定义域为 $x\in(-\infty,0]$.

例 1.3.6 写出下列函数的复合过程：

(1) $y=\sqrt{x^2+1}$； (2) $y=2^{\cos x}$；

(3) $y=\ln\ln x$； (4) $y=\tan(3x-1)$.

解 (1) $y=\sqrt{x^2+1}$ 由 $y=\sqrt{u}$，$u=x^2+1$ 复合而成.

(2) $y=2^{\cos x}$ 由 $y=2^u$，$u=\cos x$ 复合而成.

(3) $y=\ln\ln x$ 由 $y=\ln u$，$u=\ln x$ 复合而成.

(4) $y=\tan(3x-1)$ 由 $y=\tan u$，$u=3x-1$ 复合而成.

注意： 以上复合函数的定义域虽然没有写出来，但是函数的复合都是默认在定义域范围以内进行的，以后若没有明确要求，都可省略复合函数定义域.

1.3.3 初等函数

定义 1.3.8 由基本初等函数和常数经过有限次四则运算和有限次复合所构成、且是用一个解析式表示的函数称为初等函数.

注意： 分段函数不一定是初等函数，比如：$y=\begin{cases}-x, & x<0,\\ x, & x\geqslant 0,\end{cases}$ 我们可以将其表示为初等函数 $y=\sqrt{x^2}$，但是有些分段函数是不能这么表示的，比如 $f(x)=\begin{cases}-1, & x<0,\\ 1, & x>0.\end{cases}$

能力训练 1.3

1. 设 $f(x)=\tan x$，$g(x)=\frac{1}{x^2}$，求 $f[g(x)]$，$g[f(x)]$.

2. 将下列函数 y 表示成 x 的复合函数，并求出它们的定义域.

(1) $y=\mathrm{e}^u$，$u=\sin v$，$v=x^2$；

(2) $y=\ln u$，$u=x^3$；

(3) $y=\arctan u$，$u=\ln v$，$v=x+1$；

(4) $y=u^3$, $u=\sin v$, $v=\dfrac{x}{2}$.

3. 写出下列函数的复合过程.

(1) $y=\sin(\ln x^2)$;　　(2) $y=\dfrac{1}{\sqrt{x^2-1}}$;

(3) $y=\ln\cos e^x$;　　(4) $y=\sqrt[3]{(\tan\sqrt{x})^2}$;

(5) $y=e^{\sin^2 x}$;　　(6) $y=\ln^2\left(\dfrac{x}{2}\right)$.

4. 英国物理学家和数学家伊萨克·牛顿(Issac Newton)曾提出,在常温环境下物体温度变化的冷却函数,如果物体的初始温度是 θ_1(℃),环境温度是 θ_0(℃),则经过时间 t 后物体的温度 θ(℃)将满足

$$\theta=\theta_0+(\theta_1-\theta_0)e^{-kt},\text{其中 } k \text{ 为正常数}$$

请讨论:(1) 一杯开水的温度降到 50℃,大约需要多少时间?

(2) 炒菜之前多长时间将冰箱里的肉拿出来解冻比较合适(假定冰箱冷冻室温度是−18℃)?

文本:能力训练 1.3
参考答案

1.4　基本运算法则及公式

1.4.1　代数运算法则

1. 绝对值的运算法则

实数 x 的绝对值,记作 $|x|$,为了去绝对值符号,规定 $|x|=\begin{cases}-x, & x<0,\\ x, & x\geqslant 0,\end{cases}$ 其主要性质如下:

$$|-x|=|x|,\qquad |x|=\sqrt{x^2},$$

$$|xy|=|x|\cdot|y|,\qquad \left|\frac{x}{y}\right|=\frac{|x|}{|y|},\ y\neq 0.$$

2. 指数的运算法则

(1) 同底数幂的乘法:$a^m\cdot a^n=a^{m+n}$.

(2) 同底数幂的除法:$\dfrac{a^m}{a^n}=a^{m-n}$.

(3) 幂的乘方:$(a^m)^n=a^{mn}$.

(4) 乘积的幂:$(ab)^n=a^nb^n$.

笔记

(5) 商的幂：$\left(\frac{a}{b}\right)^n=\frac{a^n}{b^n}$.

(6) 分式指数幂：$a^{\frac{m}{n}}=\sqrt[n]{a^m}$.

例 1.4.1 将下列各式化为幂指数的形式.

(1) $\frac{1}{\sqrt[3]{a^2}}$；　　(2) $\frac{1}{a^3}$；

(3) $\frac{\sqrt[3]{a}\cdot a^2}{a^3}$；　　(4) $\sqrt{a\sqrt{a}}$.

解 (1) $\frac{1}{\sqrt[3]{a^2}}=\frac{1}{a^{\frac{2}{3}}}=a^{-\frac{2}{3}}$.

(2) $\frac{1}{a^3}=a^{-3}$.

(3) $\frac{\sqrt[3]{a}\cdot a^2}{a^3}=\frac{a^{\frac{1}{3}}\cdot a^2}{a^3}=a^{\frac{1}{3}+2-3}=a^{-\frac{2}{3}}$.

(4) $\sqrt{a\sqrt{a}}=\sqrt{aa^{\frac{1}{2}}}=\sqrt{a^{\frac{3}{2}}}=a^{\frac{3}{4}}$.

3. 对数的运算法则

(1) $\log_a(MN)=\log_a M+\log_a N\ (M,N>0)$.

(2) $\log_a\frac{M}{N}=\log_a M-\log_a N\ (M,N>0)$.

(3) $\log_a M^{\mu}=\mu\log_a M\ (M>0)$.

(4) $\log_a b=\frac{\log_c b}{\log_c a}(c>0$ 且 $c\neq 1)$.

(5) $a^{\log_a M}=M\ (M>0)$.

(6) $\log_a 1=0$，$\log_a a=1$.

例 1.4.2 用 $\log_a x$、$\log_a y$、$\log_a z$ 表示下列各式(其中 $x,y,z>0$)：

(1) $\log_a\frac{x}{yz}$；　　(2) $\log_a\frac{\sqrt{xy}}{z}$.

解 (1) $\log_a\frac{x}{yz}=\log_a x-\log_a y-\log_a z$.

(2) $\log_a\frac{\sqrt{xy}}{z}=\log_a\sqrt{x}+\log_a\sqrt{y}-\log_a z$

笔记

$$=\frac{1}{2}\log_a x+\frac{1}{2}\log_a y-\log_a z.$$

4. 乘法公式、因式分解

(1) 平方差公式：$a^2-b^2=(a+b)(a-b)$.

(2) 完全平方公式：$(a+b)^2=a^2+2ab+b^2$,

$(a-b)^2=a^2-2ab+b^2$.

(3) 立方差公式：$a^3-b^3=(a-b)(a^2+ab+b^2)$.

(4) 立方和公式：$a^3+b^3=(a+b)(a^2-ab+b^2)$.

5. 分式的基本性质：$\frac{a}{b}=\frac{a\cdot m}{b\cdot m}\ (m\neq 0)$.　$\frac{a}{b}=\frac{\frac{a}{m}}{\frac{b}{m}}\ (m\neq 0)$.

1.4.2　三角运算法则

1. 同角三角比关系

(1) 倒数关系：$\tan x\cdot\cot x=1$,　$\sin x\cdot\csc x=1$,

$\cos x\cdot\sec x=1$.

(2) 商的关系：$\tan x=\frac{\sin x}{\cos x}$,　$\cot x=\frac{\cos x}{\sin x}$.

(3) 平方关系：$\sin^2 x+\cos^2 x=1$,　$\tan^2 x+1=\sec^2 x$,

$\cot^2 x+1=\csc^2 x$.

2. 三角比的倍角公式

$\sin 2x=2\sin x\cos x$,

$\cos 2x=2\cos^2 x-1=1-2\sin^2 x=\cos^2 x-\sin^2 x$,

$\tan 2x=\frac{2\tan x}{1-\tan^2 x}$.

3. 三角比的降幂公式

$\sin^2 x=\frac{1-\cos 2x}{2}$,　$\cos^2 x=\frac{1+\cos 2x}{2}$.

例 1.4.3　化简.

(1) $(\sin\alpha-\cos\alpha)^2$;　(2) $\cos^4\alpha-\sin^4\alpha$;

(3) $\frac{1}{1-\tan\theta}-\frac{1}{1+\tan\theta}$;　(4) $\sin\frac{\alpha}{2}\cos\frac{\alpha}{2}\cos\alpha$.

解　(1) $(\sin\alpha-\cos\alpha)^2=\sin^2\alpha-2\sin\alpha\cos\alpha+\cos^2\alpha=1-\sin 2\alpha$.

(2) $\cos^4\alpha-\sin^4\alpha=(\cos^2\alpha+\sin^2\alpha)(\cos^2\alpha-\sin^2\alpha)=\cos 2\alpha$.

(3) $\dfrac{1}{1-\tan\theta}-\dfrac{1}{1+\tan\theta}=\dfrac{1+\tan\theta}{(1-\tan\theta)(1+\tan\theta)}-\dfrac{1-\tan\theta}{(1-\tan\theta)(1+\tan\theta)}=\dfrac{2\tan\theta}{1-\tan^2\theta}=\tan 2\theta$.

(4) $\sin\dfrac{\alpha}{2}\cos\dfrac{\alpha}{2}\cos\alpha=\dfrac{1}{2}\sin\alpha\cos\alpha=\dfrac{1}{4}\sin 2\alpha$.

能力训练 1.4

文本：能力训练 1.4 参考答案

1. 将下列各式化为幂指数的形式.

(1) $\sqrt{a^3}$；　(2) $\dfrac{\sqrt{a^3}}{a}$；　(3) $\dfrac{1}{\sqrt{a^3}\sqrt[4]{a^3}}$.

2. 令 $m=\log_a x$、$n=\log_a y$、$l=\log_a z$，用 m，n，l 表示下列各式(其中 x，y，$z>0$)：

(1) $\log_a(x^2yz)$；　(2) $\log_a\dfrac{y\sqrt{z}}{x}$；　(3) $\log_a\dfrac{y^2}{xz}$.

3. 化简.

(1) $2\tan\alpha-\dfrac{2\sin^2\dfrac{\alpha}{2}-1}{\sin\dfrac{\alpha}{2}\cos\dfrac{\alpha}{2}}$；　(2) $\dfrac{1+\sin 2\alpha}{\sin\alpha+\cos\alpha}$.

习题一

1. 选用适当的符号填空：

已知集合 $A=\{x\mid 2x-3<3x\}$，$B=\{x\mid x\geqslant 2\}$，则有：

-4____B，　-3____A，　0____B，　A____B.

2. 设集合 $A=\{-1,1,3\}$，$B=\{1,a^2\}$ 且 $B\subseteq A$，求实数 a.

3. 设 $A=\{x\mid a<x<3+a\}$，$B=\{x\mid x\leqslant -1 或 x\geqslant 1\}$；

(1) 若 $A\cup B=\mathbf{R}$，求实数 a 的取值范围；

(2) 若 $A\subseteq B$，求实数 a 的取值范围.

4. 已知集合 $A=\{x\mid x^2-3x+2=0\}$，$B=\{x\mid x^2-mx+m-1=0\}$，若 $A\cup B=A$，求实数 m 的值.

5. 求下列函数的函数值.

(1) $f(x)=\dfrac{1}{1-x}$，求 $f(-1)$，$f\left(\dfrac{1}{2}\right)$，$f(x^3)$，$f[f(x)]$；

(2) $f(x)=\begin{cases}x^2, -3\leqslant x<0,\\ 1-x, 0\leqslant x<4,\end{cases}$ 求 $f(-3)$, $f(0)$, $f(2)$.

6. 求下列函数的定义域.

(1) $f(x)=\dfrac{x}{x^2-2x-3}$；　　(2) $f(x)=\lg\dfrac{x}{x+2}$；

(3) $y=\sqrt{1-x}+\dfrac{1}{\sqrt{3x-2}}$；　　(4) $f(x)=\sqrt{\dfrac{2-x}{x+2}}$.

7. 下列函数是否相同,为什么?

(1) $y=\sqrt{\dfrac{x-2}{x-3}}$ 与 $y=\dfrac{\sqrt{x-2}}{\sqrt{x-3}}$；

(2) $y=(\sqrt{3-x^2})^2$ 与 $y=\sqrt{(3-x^2)^2}$；

(3) $y=|x|$ 与 $y=\sqrt{x^2}$；

(4) $y=\cos x$ 与 $y=\sqrt{1-\sin^2 x}$.

8. 一个容积为 V 的圆柱形无盖小桶,试将圆桶的全面积 S 表示成圆桶底面半径 r 的函数.

9. 某种客运车辆的计费标准是:若车辆行驶里程在3千米以内,将收取起步价是9元,若行驶里程超过3千米,则超过部分按照1.7元/千米的标准收取费用,试确定打车费用 y 与行驶里程 x 的函数关系,并画出图像.

10. 下列函数是由哪些基本初等函数复合而成的?

(1) $y=\mathrm{e}^{-x}$；　　(2) $y=(1-2x)^{10}$；

(3) $y=\sin(2x^2-1)$；　　(4) $y=3^{\sin \mathrm{e}^x}$；

(5) $y=\arctan\sqrt{x-1}$；　　(6) $y=\ln\sin(2x-1)$；

(7) $y=\tan^2(2-x)$；　　(8) $y=\sqrt{9-x^2}$.

11. 判断下列函数的奇偶性.

(1) $f(x)=2x^5-3x$；　　(2) $y=\mathrm{e}^x+\mathrm{e}^{-x}$；

(3) $y=x\cos x$；　　(4) $f(x)=x^2-2|x|+3$.

文本：习题一参考答案

第 2 章
极限与连续

极限理论是高等数学的重要理论基础，它不仅是一个非常重要的概念，也是一种基本的运算.后面对导数、积分的学习都离不开对极限的理解和应用.本章着重讨论极限的概念、性质、计算方法和函数的连续性.

2.1 极限的概念

2.1.1 数列的极限

微课：极限的概念

我国著名的哲学家庄周在其所著的《庄子·天下篇》中就曾提到，**“一尺之棰，日取其半，万世不竭.”**这句话的意思是：一根一尺长的木棒，每天截取其原来长度的一半，这样下去，可以无限地重复这个过程，但仍有剩余.为什么呢？我们把上述事实的用数学方法列出来，发现它其实是一个无穷数列：

$$\frac{1}{2},\ \frac{1}{4},\ \frac{1}{8},\ \cdots,\ \frac{1}{2^n},\ \cdots$$

随着过程的无限进行，发现 $\frac{1}{2^n}$ 的值越来越接近于 0，这时，就可以说 $\left\{\frac{1}{2^n}\right\}$ 的极限是 0.

下面我们就从数列开始研究极限问题.

在数轴上表示出下列数列中各项数值，并观察它们有什么特点.

(1) $\frac{1}{2},\ \frac{2}{3},\ \frac{3}{4},\ \cdots,\ \frac{n}{n+1},\ \cdots$（如图 2-1-1 所示）；

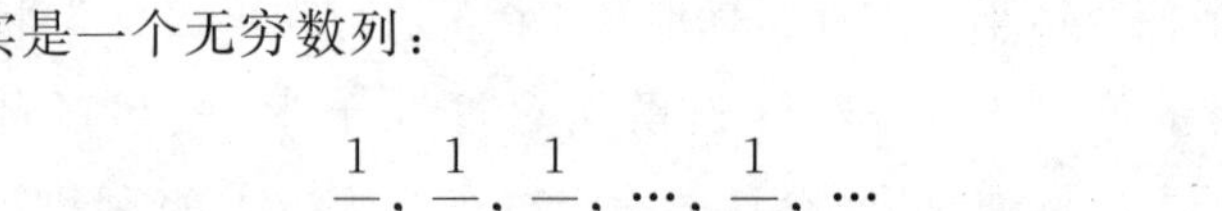

图 2-1-1

(2) $-1,\ 1,\ -1,\ \cdots,\ (-1)^n,\ \cdots$（如图 2-1-2 所示）；

(3) $2,\ 4,\ 8,\ \cdots,\ 2^n,\ \cdots$（如图 2-1-3 所示）；

(4) $2, -1, \frac{1}{2}, \cdots, (-1)^{n+1}\left(\frac{1}{2}\right)^{n-2}, \cdots$（如图 2-1-4 所示）；

图 2-1-2

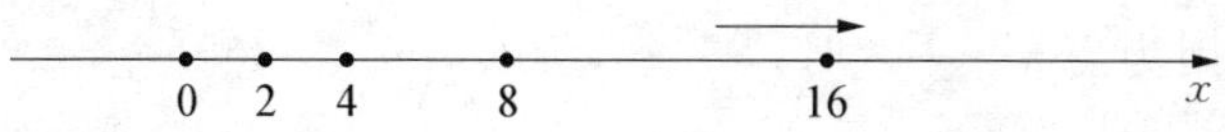

图 2-1-3

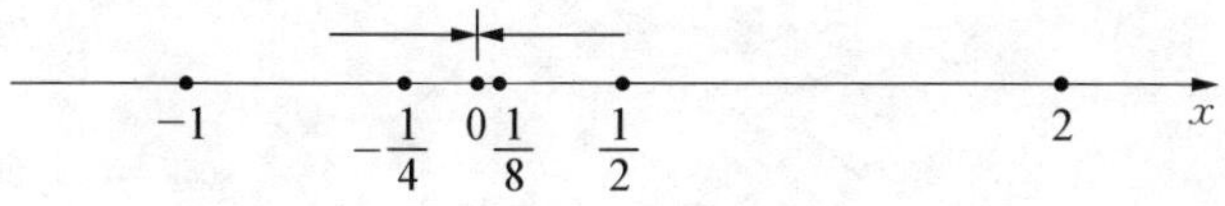

图 2-1-4

通过观察可以发现，当 $n \to +\infty$ 时，$x_n = \frac{n}{n+1} \to 1$，$x_n = (-1)^n$ 在 -1 与 1 处左右摆动，$x_n = 2^n \to +\infty$，$x_n = (-1)^{n+1}\left(\frac{1}{2}\right)^{n-2} \to 0$.

定义 2.1.1　按正整数 1, 2, 3, …编号依次排列的一列数

$$x_1, x_2, \cdots, x_n, \cdots$$

称为无穷数列，简称数列. 数列中的每一个数称为数列的项，x_n 称为通项（一般项），记作 $\{x_n\}$.

定义 2.1.2　对于数列 $\{x_n\}$，如果当 n 无限增大（即 $n \to +\infty$）时，x_n 趋向于一个确定的常数 A（即 $x_n \to A$），则称当 n 趋向于无穷大时，数列 $\{x_n\}$ 的极限为 A，记作

$$\lim_{n \to +\infty} x_n = A \text{ 或 } x_n \to A\ (n \to +\infty).$$

动画：数列极限的定义

也称数列 $\{x_n\}$ **收敛**于 A，否则就称数列 $\{x_n\}$ 是**发散**的.

例 2.1.1　考察下列数列的变化趋势，求出它们的极限.

(1) $x_n = -2$；　　(2) $x_n = (-1)^{n+1}\frac{1}{n}$；

(3) $x_n = \frac{1}{3^n}$；　　(4) $x_n = (-1)^n \frac{1}{4^n}$；

(5) $x_n = \frac{n+1}{n-1}$；　　(6) $x_n = \frac{1+n^2}{2n^2}$.

解　(1) 因为当 $n \to +\infty$ 时，$x_n = -2$ 中所有的项都是常数 -2，

所以 $\lim\limits_{n\to+\infty}(-2)=-2$.

(2) 因为当 $n\to+\infty$ 时，$\frac{1}{n}\to 0$,所以 $\lim\limits_{n\to+\infty}(-1)^{n+1}\frac{1}{n}=0$.

(3) 因为当 $n\to+\infty$ 时，$3^n\to+\infty$,所以$\frac{1}{3^n}\to 0$,故 $\lim\limits_{n\to+\infty}\frac{1}{3^n}=0$.

(4) 因为当 $n\to+\infty$时，$\frac{1}{4^n}\to 0$,所以 $\lim\limits_{n\to+\infty}(-1)^n\frac{1}{4^n}=0$.

(5) 因为当 $n\to+\infty$ 时，$\frac{n+1}{n-1}=1+\frac{2}{n-1}\to 1$，所以 $\lim\limits_{n\to+\infty}\frac{n+1}{n-1}=1$.

(6) 因为当 $n\to+\infty$ 时，$\frac{1+n^2}{2n^2}=\frac{1}{2n^2}+\frac{1}{2}\to\frac{1}{2}$，所以 $\lim\limits_{n\to+\infty}\frac{1+n^2}{2n^2}=\frac{1}{2}$.

动画：自变量趋向于有限值时函数极限的定义

2.1.2 函数的极限

1. 当 $x\to x_0$ 时，函数 $y=f(x)$ 的极限

引例 图 2-1-5 所示为函数 $y=f(x)$ 的图像，考察当 $x\to 0$ 时函数值的变化趋势.

从图像上可以观察到，当自变量 $x\to 0$ 时，函数值 $f(x)\to 1$.

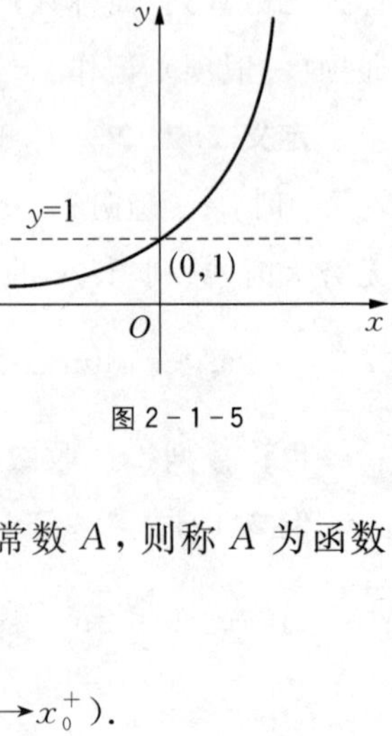

图 2-1-5

(1) 当 $x\to x_0^+$ 时，函数 $y=f(x)$ 的极限

定义 2.1.3 设函数 $y=f(x)$ 在 x_0 的右半邻域$(x_0,\ x_0+\delta)$内有定义，当自变量 x 在此半邻域内无限趋近于 x_0 时，相应的函数值 $f(x)$ 无限趋近于一个确定常数 A，则称 A 为函数 $y=f(x)$ 在 x_0 处的右极限，记作

$$\lim_{x\to x_0^+}f(x)=A \text{ 或 } f(x)\to A(x\to x_0^+).$$

(2) 当 $x\to x_0^-$ 时，函数 $y=f(x)$ 的极限

定义 2.1.4 设函数 $y=f(x)$ 在 x_0 的左半邻域$(x_0-\delta,\ x_0)$内有定义，当自变量 x 在此半邻域内无限趋近于 x_0 时，相应的函数值

笔记

$f(x)$ 无限趋近于一个确定常数 B，则称 B 为函数 $y=f(x)$ 在 x_0 处的左极限，记作

$$\lim_{x\to x_0^-} f(x)=B \text{ 或 } f(x)\to B(x\to x_0^-).$$

定义 2.1.5　设函数 $y=f(x)$ 在 x_0 的邻域 $(x_0-\delta,\ x_0+\delta)$ 内有定义，当自变量 x 在此邻域内无限趋近于 x_0 时，相应的函数值 $f(x)$ 无限趋近于一个确定常数 A，则称 A 为函数 $y=f(x)$ 在 x_0 处的极限，记作

$$\lim_{x\to x_0} f(x)=A \text{ 或 } f(x)\to A(x\to x_0).$$

定理 2.1.1　当 $x\to x_0$ 时，函数 $y=f(x)$ 以常数 A 为极限的充要条件是函数 $y=f(x)$ 在 $x\to x_0^+$ 与 $x\to x_0^-$ 时的极限存在且都等于 A，即

$$\lim_{x\to x_0} f(x)=A \Leftrightarrow \lim_{x\to x_0^+} f(x)=\lim_{x\to x_0^-} f(x)=A.$$

例 2.1.2　设函数 $f(x)=\dfrac{x^2-1}{x-1}$，求 $\lim\limits_{x\to 1^+} f(x)$，$\lim\limits_{x\to 1^-} f(x)$，$\lim\limits_{x\to 1} f(x)$.

解　观察函数 $f(x)=\dfrac{x^2-1}{x-1}=x+1\ (x\neq 1)$ 的图像（图 2-1-6），可以发现：

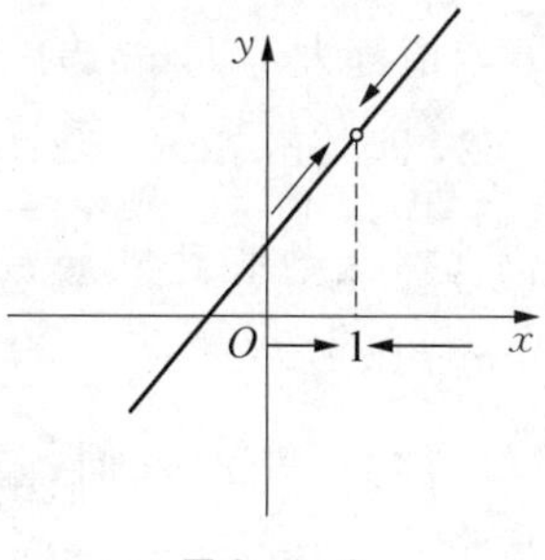

图 2-1-6

当 $x\to 1^+$ 时，函数值无限趋近于 2，即 $\lim\limits_{x\to 1^+} f(x)=2$；

当 $x\to 1^-$ 时，函数值也无限趋近于 2，即 $\lim\limits_{x\to 1^-} f(x)=2$.

因为当 $x\to 1$ 时，函数 $y=f(x)$ 的左极限与右极限都存在，且它们都等于 2，所以 $\lim\limits_{x\to 1} f(x)=2$.

注意：从例 2.1.2 中可以看出，函数的极限与函数在该点是否有定义以及函数值 $f(x_0)$ 的大小无关.

例 2.1.3　设函数 $f(x)=\begin{cases} x^2,\ x<0, \\ x+1,\ x\geqslant 0, \end{cases}$ 求：

(1) $\lim\limits_{x\to 0^+} f(x)$，$\lim\limits_{x\to 0^-} f(x)$，$\lim\limits_{x\to 0} f(x)$；

(2) $\lim\limits_{x\to 1^+} f(x)$，$\lim\limits_{x\to 1^-} f(x)$，$\lim\limits_{x\to 1} f(x)$.

解　(1) 观察函数的图像（图 2-1-7），可以发现：

笔记

当 $x\to0^+$ 时,所有的 x 取值都大于 0,故选择函数表达式 $y=x+1$,此时函数值无限趋近于 1,即 $\lim\limits_{x\to0^+}f(x)=1$;

当 $x\to0^-$ 时,所有的 x 取值都小于 0,故选择函数表达式 $y=x^2$,此时函数值无限趋近于 0,即 $\lim\limits_{x\to0^-}f(x)=0$.

虽然当 $x\to0$ 时,函数 $y=f(x)$ 的左极限与右极限都存在,但是它们不相等,所以 $\lim\limits_{x\to0}f(x)$ 不存在.

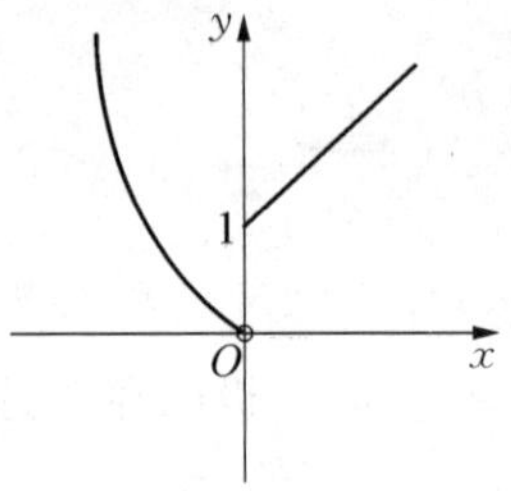

图 2-1-7

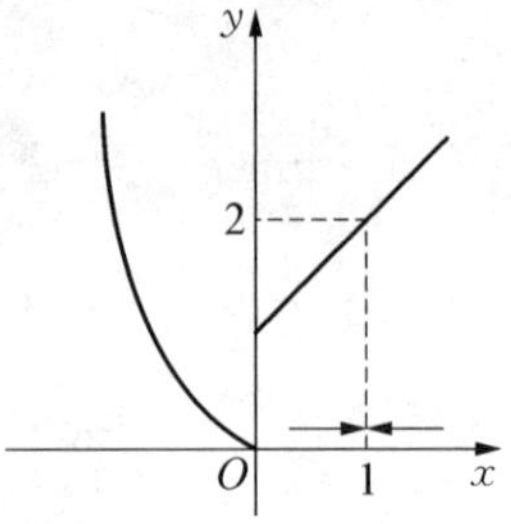

图 2-1-8

(2) 观察函数的图像(图 2-1-8),可以发现,当 $x\to1^+$ 时,所有的 x 取值都大于 1,故选择函数表达式 $y=x+1$,此时函数值无限趋近于 2,即 $\lim\limits_{x\to1^+}f(x)=2$;当 $x\to1^-$ 时,所有的 x 取值仍然都大于 0,故仍选择函数表达式 $y=x+1$,此时函数值仍然无限趋近于 2,即 $\lim\limits_{x\to1^-}f(x)=2$.

因为,当 $x\to1$ 时,函数 $y=f(x)$ 的左极限与右极限都存在,且都等于 2,所以

$$\lim_{x\to1}f(x)=2.$$

注意: 理解 $x\to x_0$ 的含义为 x 既要从左趋近于 x_0,也要从右趋近于 x_0.

2. 当 $x\to\infty$ 时,函数 $y=f(x)$ 的极限

(1) 当 $x\to+\infty$ 时,函数 $y=f(x)$ 的极限

动画:自变量趋向于无穷大时函数极限的定义

定义 2.1.6 当自变量 x 取正值且无限增大时,函数 $y=f(x)$ 无限趋近于一个确定常数 A,则称 A 为函数 $y=f(x)$ 当 $x\to+\infty$ 时的极限,记作

$$\lim_{x\to+\infty}f(x)=A \text{ 或 } f(x)\to A(x\to+\infty).$$

(2) 当 $x\to-\infty$ 时,函数 $y=f(x)$ 的极限

定义 2.1.7 当自变量 x 取负值且其绝对值无限增大时,函数

笔记

$y=f(x)$ 无限趋近于一个确定常数 B，则称 B 为函数 $y=f(x)$ 当 $x\to-\infty$ 时的极限，记作

$$\lim_{x\to-\infty} f(x)=B \text{ 或 } f(x)\to B(x\to-\infty).$$

定义 2.1.8　当自变量 x 的绝对值无限增大时，函数 $y=f(x)$ 无限趋近于一个确定常数 A，则称 A 为函数 $y=f(x)$ 当 $x\to\infty$ 时的极限，记作

$$\lim_{x\to\infty} f(x)=A \text{ 或 } f(x)\to A(x\to\infty).$$

定理 2.1.2　当 $x\to\infty$ 时，函数 $y=f(x)$ 以常数 A 为极限的充要条件是函数 $y=f(x)$ 在 $x\to+\infty$ 与 $x\to-\infty$ 时的极限存在且都等于 A，即

$$\lim_{x\to\infty} f(x)=A \Leftrightarrow \lim_{x\to+\infty} f(x)=\lim_{x\to-\infty} f(x)=A.$$

例 2.1.4　讨论下列函数的极限是否存在.

(1) $\lim\limits_{x\to\infty}\dfrac{1}{x}$；　(2) $\lim\limits_{x\to\infty}\sin x$；　(3) $\lim\limits_{x\to\infty}e^x$.

解　(1) 观察函数图像(图 2-1-9)，有

$$\lim_{x\to+\infty}\frac{1}{x}=0,\ \lim_{x\to-\infty}\frac{1}{x}=0,$$

此时 $\lim\limits_{x\to+\infty}\dfrac{1}{x}=\lim\limits_{x\to-\infty}\dfrac{1}{x}=0$，故 $\lim\limits_{x\to\infty}\dfrac{1}{x}=0$.

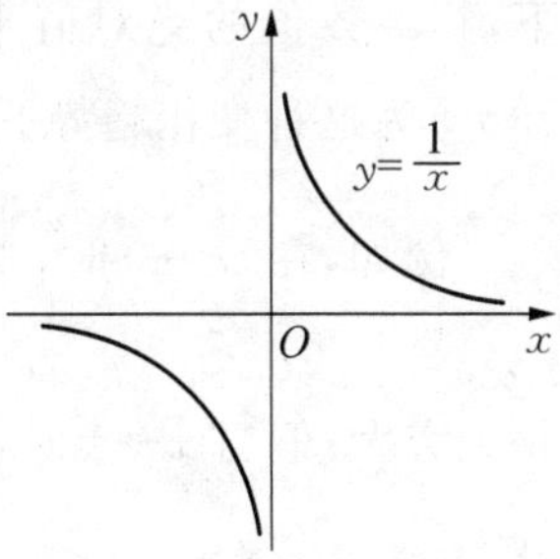

图 2-1-9

(2) 观察函数图像(图 2-1-10)，可知 $\lim\limits_{x\to+\infty}\sin x$ 与 $\lim\limits_{x\to-\infty}\sin x$ 都不能趋近于一个固定的常数，故 $\lim\limits_{x\to\infty}\sin x$ 不存在.

(3) 观察函数图像(图 2-1-11)，可以发现 $\lim\limits_{x\to+\infty}e^x=+\infty$，$\lim\limits_{x\to-\infty}e^x=0$，此时 $\lim\limits_{x\to+\infty}e^x\neq\lim\limits_{x\to-\infty}e^x$，故 $\lim\limits_{x\to\infty}e^x$ 不存在.

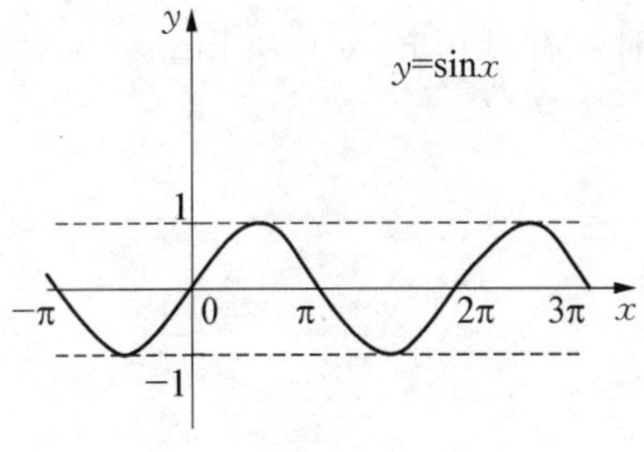

图 2-1-10

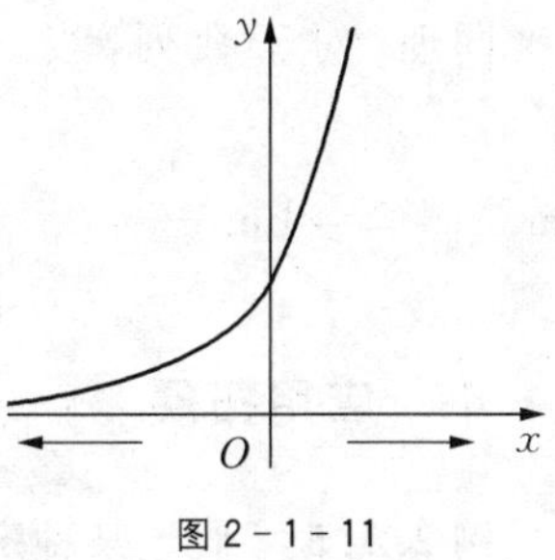

图 2-1-11

笔记

2.1.3 无穷小与无穷大

1. 无穷小

定义 2.1.9 如果函数 $y=f(x)$ 在其自变量的某种变化趋势下极限为0，则称函数 $f(x)$ 为这种变化趋势下的**无穷小量**，简称无穷小.

例如，$\lim\limits_{x\to 0}2x=0$，当 $x\to 0$ 时，函数 $f(x)=2x$ 为无穷小；但 $\lim\limits_{x\to 1}2x=2\neq 0$，那么当 $x\to 1$ 时，函数 $f(x)=2x$ 不是无穷小.

2. 无穷小的运算性质

性质 2.1.1 有限个无穷小的代数和是无穷小.

性质 2.1.2 无穷小与有界量的积是无穷小.

推论 1 常数与无穷小的积是无穷小.

推论 2 有限个无穷小的积仍是无穷小.

3. 无穷大

定义 2.1.10 如果函数 $y=f(x)$ 在其自变量的某种变化趋势下，其函数值的绝对值 $|f(x)|$ 无限增大，即趋向于 ∞，则称函数 $f(x)$ 为这种变化趋势下的**无穷大量**，简称无穷大.

例如，在 $x\to 0$ 时，$\left|\dfrac{1}{x}\right|$ 无限增大，故当 $x\to 0$ 时，函数 $f(x)=\dfrac{1}{x}$ 是无穷大；但当 $x\to 1$ 时，函数 $f(x)=\dfrac{1}{x}$ 不是无穷大.

4. 无穷小与无穷大的关系

定理 2.1.3 在自变量的同一变化过程中，如果 $f(x)$ 为无穷大，则 $\dfrac{1}{f(x)}$ 为无穷小；反之，如果 $f(x)$ 为无穷小，且 $f(x)\neq 0$，则 $\dfrac{1}{f(x)}$ 为无穷大. 即非0的无穷小与无穷大是倒数关系.

同理，对于数列，当 $x_n\neq 0$ 时：有 $\lim\limits_{x\to\infty}x_n=0\Rightarrow\lim\limits_{x\to\infty}\dfrac{1}{x_n}=\infty$；$\lim\limits_{x\to\infty}x_n=\infty\Rightarrow\lim\limits_{x\to\infty}\dfrac{1}{x_n}=0$.

2.1.4 应用拓展

例 2.1.5 假定某种疾病流行 t 天后感染的人数 N 可由函数关

系式

$$N=\frac{1\ 000\ 000}{1+5\ 000\mathrm{e}^{-0.1t}},$$

求：如果不加以控制，将有多少人感染上这种疾病呢？

解　如果不加以控制，也就是说该疾病流行的时间 $t\to+\infty$，那么，感染上这种疾病的人数为

$$N=\lim_{t\to+\infty}\frac{1\ 000\ 000}{1+5\ 000\mathrm{e}^{-0.1t}}=1\ 000\ 000.$$

也就是说，如果该疾病不加以控制，那么将有 1 000 000 人感染.

能力训练 2.1

1. 指出下列数列是否有极限？若有，求出极限.

(1) $x_n=\frac{1}{n^2}$；　(2) $x_n=(-1)^n n$；

(3) $x_n=2^n$；　(4) $x_n=\log_2 n$；

(5) $x_n=\frac{1}{n}+1$；　(6) $x_n=\frac{1}{3^n}-1$.

2. 讨论当 $x\to\infty$ 时，下列函数的极限.

(1) $f(x)=\cos x$；　(2) $f(x)=x^2-1$；

(3) $f(x)=\frac{1}{1+x^2}$；　(4) $f(x)=\arctan x$.

3. 用观察法指出下列函数在 $x\to 0$ 时的极限.

(1) $f(x)=\ln(x+1)$；　(2) $f(x)=\arccos x$；

(3) $f(x)=\frac{|x|}{x}$；　(4) $f(x)=\begin{cases}\mathrm{e}^x-1, & x>0,\\ 1, & x=0,\\ x, & x<0.\end{cases}$

4. 观察下列各题中，哪些是无穷小，哪些是无穷大.

(1) $\frac{1}{x+1}$，当 $x\to+\infty$ 时；　(2) e^x，当 $x\to-\infty$ 时；

(3) $\ln x$，当 $x\to 0^+$ 时；　(4) $\cos x$，当 $x\to\frac{\pi}{2}$ 时；

(5) $\arctan x$，当 $x\to 0$ 时；　(6) $\frac{1}{2^x}$，当 $x\to-\infty$ 时.

文本：能力训练 2.1
参考答案

笔记

2.2 极限的运算

2.2.1 极限的四则运算法则

定理 2.2.1 设 $\lim f(x)$ 及 $\lim g(x)$ 都存在,且 x 的变化趋势相同,则有下列运算法则:

法则 1 $\lim[f(x)\pm g(x)]=\lim f(x)\pm\lim g(x)$.

法则 2 $\lim[f(x)\cdot g(x)]=\lim f(x)\cdot\lim g(x)$.

特别地,$\lim[C\cdot f(x)]=\lim C\cdot\lim f(x)=C\lim f(x)$,

$$\lim[f(x)]^n=[\lim f(x)]^n.$$

法则 3 $\lim\dfrac{f(x)}{g(x)}=\dfrac{\lim f(x)}{\lim g(x)}(\lim g(x)\neq 0)$.

例 2.2.1 $\lim\limits_{x\to 3}(x^3-2x+1)$.

解

$$\lim_{x\to 3}(x^3-2x+1)=\lim_{x\to 3}x^3-\lim_{x\to 3}2x+\lim_{x\to 3}1=27-6+1=22.$$

例 2.2.2 $\lim\limits_{x\to 1}\dfrac{x^2+1}{3x^2+3x-1}$.

解 由于

$$\lim_{x\to 1}(3x^2+3x-1)=\lim_{x\to 1}3x^2+\lim_{x\to 1}3x-\lim_{x\to 1}1=3+3-1=5\neq 0,$$

故

$$\lim_{x\to 1}\frac{x^2+1}{3x^2+3x-1}=\frac{\lim\limits_{x\to 1}(x^2+1)}{\lim\limits_{x\to 1}(3x^2+3x-1)}=\frac{2}{5}.$$

例 2.2.3 $\lim\limits_{x\to 1}\dfrac{e^x}{x-1}$.

解 由于 $\lim\limits_{x\to 1}x-1=0$,此时不能使用极限的商的运算法则,即

$$\lim_{x\to 1}\frac{e^x}{x-1}\neq\frac{\lim\limits_{x\to 1}e^x}{\lim\limits_{x\to 1}(x-1)}.$$

又由于 $\lim\limits_{x\to 1}e^x=e\neq 0$,可以求出 $\lim\limits_{x\to 1}\dfrac{x-1}{e^x}=0$,再利用无穷大与无

穷小的关系，就可以求出 $\lim\limits_{x\to 1}\dfrac{e^x}{x-1}=\infty$.

2.2.2　两个重要极限

1. $\lim\limits_{x\to 0}\dfrac{\sin x}{x}=1$

当 $x\to 0$ 时，函数 $f(x)=\dfrac{\sin x}{x}$ 的变化趋势见表 2-2-1.

表 2-2-1

x	± 1	± 0.5	± 0.1	± 0.05	± 0.01	± 0.001	…
$\dfrac{\sin x}{x}$	0.841 5	0.958 9	0.998 3	0.999 6	0.999 8	0.999 9	…

动画：重要极限Ⅰ的证明

笔记

从表 2-2-1 中可以看出，当 x 趋近于 0 时，函数 $f(x)=\dfrac{\sin x}{x}$ 的值趋近于 1. 则可以得出，$\lim\limits_{x\to 0}\dfrac{\sin x}{x}=1$（证明略）.

注意：为了强调其一般形式，可以把这种极限形象地写成 $\lim\limits_{\square\to 0}\dfrac{\sin\square}{\square}=1$ 或 $\lim\limits_{\square\to 0}\dfrac{\square}{\sin\square}=1$（“□”代表同一变量）.

例 2.2.4　求下列函数的极限.

(1) $\lim\limits_{x\to 0}\dfrac{\sin 2x}{2x}$;　　(2) $\lim\limits_{x\to 0}\dfrac{x}{\sin 2x}$;

(3) $\lim\limits_{x\to 0}\dfrac{\sin 2x}{x}$;　　(4) $\lim\limits_{x\to 0}\dfrac{\tan x}{x}$;

(5) $\lim\limits_{x\to \infty}x\sin\dfrac{1}{x}$;　　(6) $\lim\limits_{x\to 0}\dfrac{1-\cos 2x}{x^2}$.

解

(1) 由于当 $x\to 0$ 时，$2x\to 0$，于是可以先将 $2x$ 看作一个整体，再用公式 $\lim\limits_{\square\to 0}\dfrac{\sin\square}{\square}=1$，有

$$\lim_{x\to 0}\frac{\sin 2x}{2x}=\lim_{2x\to 0}\frac{\sin 2x}{2x}=1.$$

(2) 由于当 $x\to 0$ 时，$2x\to 0$，于是可以先将 $2x$ 看作一个整体，再用公式 $\lim\limits_{\square\to 0}\dfrac{\sin\square}{\square}=1$，有

笔记

$$\lim_{x\to 0}\frac{x}{\sin 2x}=\lim_{2x\to 0}\frac{1}{2}\cdot\frac{2x}{\sin 2x}=\frac{1}{2}.$$

注意：当对公式掌握比较熟练的时候，极限符号下面的 $x\to 0$ 就不需要改写成 $2x\to 0$.

(3) 由于当 $x\to 0$ 时，$2x\to 0$，于是可以先将 $2x$ 看作一个整体，再运用公式 $\lim\limits_{\square\to 0}\dfrac{\square}{\sin\square}=1$，有

$$\lim_{x\to 0}\frac{\sin 2x}{x}=\lim_{x\to 0}2\cdot\frac{\sin 2x}{2x}=2.$$

(4) 这里没有出现 $\sin x$，可以利用三角公式将其转化为重要极限的形式，再运用公式 $\lim\limits_{\square\to 0}\dfrac{\sin\square}{\square}=1$，有

$$\lim_{x\to 0}\frac{\tan x}{x}=\lim_{x\to 0}\frac{\sin x}{x}\cdot\frac{1}{\cos x}=1.$$

(5) 由于当 $x\to\infty$ 时，$\dfrac{1}{x}\to 0$，于是可以先将 $\dfrac{1}{x}$ 看作一个整体，再用公式 $\lim\limits_{\square\to 0}\dfrac{\sin\square}{\square}=1$，有

$$\lim_{x\to\infty}x\sin\frac{1}{x}=\lim_{x\to\infty}\frac{\sin\dfrac{1}{x}}{\dfrac{1}{x}}=1.$$

(6) 这里没有出现 $\sin x$，可以利用三角公式将其转化为重要极限的形式，再运用公式 $\lim\limits_{\square\to 0}\dfrac{\sin\square}{\square}=1$，有

$$\lim_{x\to 0}\frac{1-\cos 2x}{x^2}=\lim_{x\to 0}\frac{2\sin^2 x}{x^2}=\lim_{x\to 0}2\cdot\left(\frac{\sin x}{x}\right)^2=2.$$

2. $\lim\limits_{n\to\infty}\left(1+\dfrac{1}{x}\right)^x=\mathrm{e}$

当 $x\to\infty$ 时，函数 $f(x)=\left(1+\dfrac{1}{x}\right)^x$ 的变化趋势见表 2-2-2.

笔记

表 2-2-2

x	$\left(1+\frac{1}{x}\right)^x$	x	$\left(1+\frac{1}{x}\right)^x$
10	2.593 742	−10	2.867 972
100	2.704 814	−100	2.731 999
1 000	2.716 924	−1 000	2.719 642
10 000	2.718 146	−10 000	2.718 418
100 000	2.718 268	−100 000	2.718 295
1 000 000	2.718 281	−1 000 000	2.718 283
…	…	…	…

从表 2-2-2 中可以看出，当 $x\to\infty$ 时，函数 $\left(1+\dfrac{1}{x}\right)^x$ 变化的大致趋势，可以证明当 $x\to\infty$ 时，$\left(1+\dfrac{1}{x}\right)^x$ 的极限确实存在，并且是一个无理数，其值为 $\mathrm{e}=2.718\ 28\cdots$，即得此重要极限 $\lim\limits_{n\to\infty}\left(1+\dfrac{1}{x}\right)^x=\mathrm{e}$.

注意：该重要极限可以形象地表示为 $\lim\limits_{\square\to\infty}\left(1+\dfrac{1}{\square}\right)^{\square}=\mathrm{e}$ 或 $\lim\limits_{\square\to 0}(1+\square)^{\frac{1}{\square}}=\mathrm{e}$（“□”代表同一变量）.

例 2.2.5　求下列函数的极限.

(1) $\lim\limits_{x\to\infty}\left(1+\dfrac{1}{x}\right)^{3x}$；　　(2) $\lim\limits_{x\to\infty}\left(1+\dfrac{1}{3x}\right)^{x}$；

(3) $\lim\limits_{x\to\infty}\left(1+\dfrac{3}{x}\right)^{x}$；　　(4) $\lim\limits_{x\to\infty}\left(1-\dfrac{3}{x}\right)^{x}$；

(5) $\lim\limits_{x\to 0}(1+3x)^{\frac{1}{x}}$；　　(6) $\lim\limits_{x\to 0}(1-x)^{\frac{3}{x}}$.

解　(1) 该极限形式上与重要极限不一样，可以利用指数的性质及极限的运算法则，将其转化为重要极限的形式再来求极限，有

$$\lim_{x\to\infty}\left(1+\frac{1}{x}\right)^{3x}=\lim_{x\to\infty}\left(1+\frac{1}{x}\right)^{x\cdot 3}=\left[\lim_{x\to\infty}\left(1+\frac{1}{x}\right)^{x}\right]^3=\mathrm{e}^3.$$

(2) 当 $x\to\infty$ 时，$3x\to\infty$，将 $3x$ 看作一个整体，再利用重要极限公式 $\lim\limits_{\square\to\infty}\left(1+\dfrac{1}{\square}\right)^{\square}=\mathrm{e}$ 来求极限，有

笔记

$$\lim_{x\to\infty}\left(1+\frac{1}{3x}\right)^{x}=\lim_{x\to\infty}\left(1+\frac{1}{3x}\right)^{3x\cdot\frac{1}{3}}=\left[\lim_{x\to\infty}\left(1+\frac{1}{3x}\right)^{3x}\right]^{\frac{1}{3}}=\mathrm{e}^{\frac{1}{3}}.$$

(3) 该极限在形式上与重要极限不一样,需要将括号内分子化为1,再利用重要极限公式 $\lim\limits_{\square\to\infty}\left(1+\dfrac{1}{\square}\right)^{\square}=\mathrm{e}$ 来求极限,有

$$\lim_{x\to\infty}\left(1+\frac{3}{x}\right)^{x}=\lim_{x\to\infty}\left(1+\frac{1}{\frac{x}{3}}\right)^{x}=\lim_{x\to\infty}\left(1+\frac{1}{\frac{x}{3}}\right)^{\frac{x}{3}\cdot 3}$$

$$=\left[\lim_{x\to\infty}\left(1+\frac{1}{\frac{x}{3}}\right)^{\frac{x}{3}}\right]^{3}=\mathrm{e}^{3}.$$

(4) 该极限在形式上与重要极限不一样,需要将括号内的减号变成加号,再利用重要极限公式 $\lim\limits_{\square\to\infty}\left(1+\dfrac{1}{\square}\right)^{\square}=\mathrm{e}$ 来求极限,有

$$\lim_{x\to\infty}\left(1-\frac{3}{x}\right)^{x}=\lim_{x\to\infty}\left(1+\frac{3}{-x}\right)^{x}=\lim_{x\to\infty}\left(1+\frac{1}{-\frac{x}{3}}\right)^{x}$$

$$=\lim_{x\to\infty}\left(1+\frac{1}{-\frac{x}{3}}\right)^{-\frac{x}{3}\cdot(-3)}=\left[\lim_{x\to\infty}\left(1+\frac{1}{-\frac{x}{3}}\right)^{-\frac{x}{3}}\right]^{(-3)}$$

$$=\mathrm{e}^{-3}.$$

(5) 该极限在形式上与重要极限不一样,需要将 $\dfrac{1}{x}$ 变为 $\dfrac{1}{3x}\cdot 3$,再利用重要极限公式 $\lim\limits_{\square\to\infty}(1+\square)^{\frac{1}{\square}}=\mathrm{e}$ 来求极限,有

$$\lim_{x\to 0}(1+3x)^{\frac{1}{x}}=\lim_{x\to 0}\left[(1+3x)^{\frac{1}{3x}}\right]^{3}=\mathrm{e}^{3}.$$

(6) 该极限在形式上与重要极限不一样,需要将括号内的减号变成加号,再利用重要极限公式 $\lim\limits_{\square\to\infty}(1+\square)^{\frac{1}{\square}}=\mathrm{e}$ 来求极限,有

$$\lim_{x\to 0}(1-x)^{\frac{3}{x}}=\lim_{x\to 0}\left\{\left[1+(-x)\right]^{\frac{1}{-x}}\right\}^{-3}=\mathrm{e}.$$

能力训练 2.2

1. 已知 $\lim\limits_{x\to 1}f(x)=4$，$\lim\limits_{x\to 1}g(x)=-3$，求下列极限.

(1) $\lim\limits_{x\to 1}[f(x)+g(x)]$；　　(2) $\lim\limits_{x\to 1}[f(x)\cdot g(x)]$；

(3) $\lim\limits_{x\to 1}[f(x)]^3$；　　(4) $\lim\limits_{x\to 1}\dfrac{f(x)}{g(x)}$.

2. 求下列极限.

(1) $\lim\limits_{x\to 1}\dfrac{3x^2+x-1}{3x^2}$；　　(2) $\lim\limits_{x\to 3}\dfrac{x^2-9}{x-3}$；

(3) $\lim\limits_{x\to 2}\dfrac{x^2+x-6}{x^2-4}$；　　(4) $\lim\limits_{x\to 0}\dfrac{\sqrt{1+x}-1}{x}$.

3. 求下列极限.

(1) $\lim\limits_{x\to 0}\dfrac{\sin 5x}{\sin 2x}$；　　(2) $\lim\limits_{x\to 0}\dfrac{\sin x^2}{x^2}$；

(3) $\lim\limits_{x\to 0}\dfrac{1-\cos x}{3x^2}$；　　(4) $\lim\limits_{x\to 3}\dfrac{\sin(x-3)}{x^2-9}$；

(5) $\lim\limits_{x\to \frac{\pi}{2}}\dfrac{\cos x}{x-\dfrac{\pi}{2}}$；　　(6) $\lim\limits_{x\to \infty}\left(1+\dfrac{2}{x}\right)^x$；

(7) $\lim\limits_{x\to 0}(1-x)^{\frac{2}{x}}$；　　(8) $\lim\limits_{x\to \infty}\left(\dfrac{x+1}{x}\right)^x$；

(9) $\lim\limits_{x\to \infty}\left(1+\dfrac{1}{x}\right)^{x+4}$；　　(10) $\lim\limits_{x\to \infty}\left(\dfrac{x-1}{x+1}\right)^{x+4}$.

文本：能力训练 2.2 参考答案

4. 已知 $\lim\limits_{x\to \infty}\left(1+\dfrac{k}{x}\right)^{2x}=\mathrm{e}$，求 k 的值.

2.3　函数的连续性

2.3.1　函数连续性的定义

1. 函数的增量

定义 2.3.1　设函数 $y=f(x)$ 在点 x_0 的某邻域上有定义，当自变量 x 由 x_0 变化到 $x_0+\Delta x$ 时，函数值 y 相应地由 $f(x_0)$ 变化到 $f(x_0+\Delta x)$，函数相应的增量为

$$\Delta y=f(x_0+\Delta x)-f(x_0).$$

动画：函数的增量

笔记

如图 2-3-1 和图 2-3-2 中所示的 Δy 都叫作函数的增量，函数的增量可正可负.

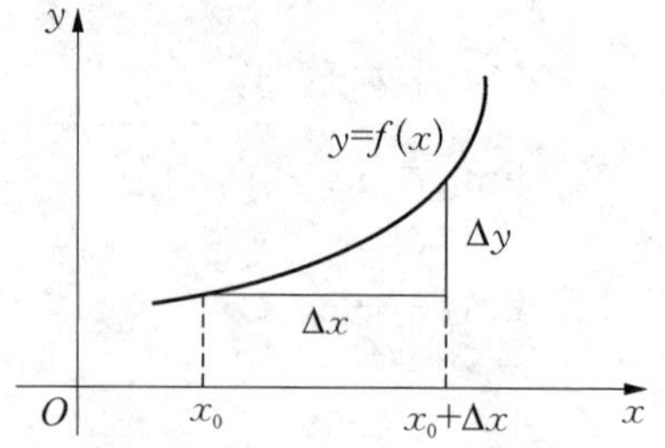

图 2-3-1

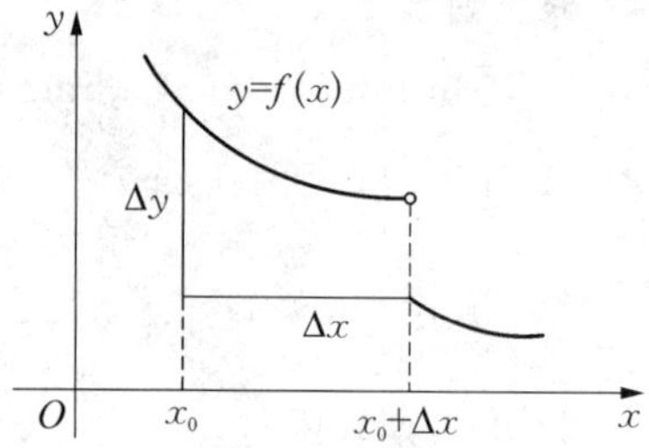

图 2-3-2

2. 函数 $y=f(x)$ 在点 x_0 处连续

定义 2.3.2 设函数 $y=f(x)$ 在点 x_0 的某邻域内有定义，如果自变量的增量 $\Delta x=x-x_0$ 趋于零时，对应函数的增量也趋于零，即

$$\lim_{\Delta x \to 0} \Delta y=\lim_{\Delta x \to 0}[f(x_0+\Delta x)-f(x_0)]=0,$$

则称函数 $f(x)$ 在点 x_0 处是连续的，点 x_0 称为函数 $f(x)$ 的**连续点**；否则就称函数 $f(x)$ 在点 x_0 处是间断的，点 x_0 称为函数 $f(x)$ 的**间断点**.

由于 Δy 也写成 $\Delta y=f(x)-f(x_0)$，所以定义 2.3.2 中的表达式也可以写为

$$\lim_{x \to x_0}[f(x)-f(x_0)]=0, \text{即} \lim_{x \to x_0} f(x)=f(x_0).$$

定义 2.3.3 设函数 $y=f(x)$ 在点 x_0 的某邻域内有定义，若 $\lim\limits_{x \to x_0} f(x)=f(x_0)$，则称函数 $f(x)$ 在点 x_0 处连续.

注意： 函数 $f(x)$ 在点 x_0 处连续，必须同时满足以下三个条件

(1) $f(x)$ 在点 x_0 的一个邻域内有定义.

(2) $\lim\limits_{x \to x_0} f(x)$ 存在.

(3) 上述极限值等于函数值 $f(x_0)$.

文本：知识拓展——间断点的分类

如果上述条件中至少有一个不满足，则点 x_0 就是函数 $f(x)$ 的间断点.

例 2.3.1 已知函数 $f(x)=\begin{cases} x^2, & x \leqslant 1, \\ x+1, & x>1, \end{cases}$ 讨论 $f(x)$ 在点 $x=1$ 处的连续性.

解 因为 $\lim\limits_{x \to 1^-} f(x)=\lim\limits_{x \to 1^-} x^2=1$，$\lim\limits_{x \to 1^+} f(x)=\lim\limits_{x \to 1^+}(x+1)=2$，即该函数在 $x=1$ 处的左右极限存在但不相等，所以 $\lim\limits_{x \to 1} f(x)$ 不存在，即点 $x=1$ 是函数 $f(x)$ 的间断点.

笔记

例 2.3.2 设函数 $f(x)=\begin{cases}\dfrac{x^4}{x}, & x\neq 0,\\ 1, & x=0,\end{cases}$ 讨论 $f(x)$ 在点 $x=0$ 处的连续性.

解 因为 $\lim\limits_{x\to 0}f(x)=\lim\limits_{x\to 0}\dfrac{x^4}{x}=\lim\limits_{x\to 0}x^3=0$，但是 $f(0)=1$，即

$$\lim_{x\to 0}f(x)\neq f(0),$$

故点 $x=0$ 是函数 $f(x)$ 的间断点.

例 2.3.3 讨论函数 $f(x)=|x|=\begin{cases}x, & x\geqslant 0,\\ -x, & x<0,\end{cases}$ 在点 $x=0$ 处的连续性.

解 因为 $\lim\limits_{x\to 0^-}f(x)=\lim\limits_{x\to 0^-}(-x)=0$，$\lim\limits_{x\to 0^+}f(x)=\lim\limits_{x\to 0^+}x=0$，即该函数的左、右极限存在且相等，此时 $\lim\limits_{x\to 0}f(x)=0$. 同时，$f(0)=0$，即

$$\lim_{x\to 0}f(x)=f(0)=0,$$

故函数在点 $x=0$ 处是连续的.

例 2.3.4 求函数 $f(x)=\dfrac{1}{(x-1)^2}$ 在点 $x=1$ 处的连续性.

解 因为函数 $f(x)=\dfrac{1}{(x-1)^2}$ 在点 $x=1$ 处没有定义，且 $\lim\limits_{x\to 1}\dfrac{1}{(x-1)^2}=\infty$，则 $x=1$ 为 $f(x)$ 的间断点.

3. 函数 $y=f(x)$ 在区间 (a, b) 的连续

(1) 若 $\lim\limits_{x\to x_0^+}f(x)=f(x_0)$，则称函数在点 x_0 处右连续；

若 $\lim\limits_{x\to x_0^-}f(x)=f(x_0)$，则称函数在点 x_0 处左连续.

(2) 如果 $f(x)$ 在区间 (a, b) 内每一点都是连续的，就称 $f(x)$ 在区间 (a, b) 内连续；若 $f(x)$ 在 (a, b) 内连续，且在点 $x=a$ 处右连续，在点 $x=b$ 处左连续，则称 $f(x)$ 在 $[a, b]$ 上连续.

连续函数的图形是一条连续不断的曲线.

2.3.2 初等函数的连续性

1. 初等函数的连续性

定理 2.3.1 一切初等函数在其定义域区间内连续.

笔记

例 2.3.5 求函数 $y=\dfrac{\sqrt{x+1}}{e^x-1}$ 的连续区间.

解 因为函数需要满足 $\begin{cases}x+1\geqslant 0,\\ e^x-1\neq 0,\end{cases}\Rightarrow\begin{cases}x\geqslant -1,\\ x\neq 0,\end{cases}$ 即函数的定义域为 $[-1,0)\cup(0,+\infty)$，所以函数的连续区间是 $[-1,0)$，$(0,+\infty)$.

2. 利用函数的连续性求极限

若 $f(x)$ 在点 x_0 处连续，则 $\lim\limits_{x\to x_0}f(x)=f(x_0)$，即求连续函数极限的问题可归结为计算函数值.

例 2.3.6 求极限 $\lim\limits_{x\to 1}[\ln(\arctan x)]$.

解 因为函数 $y=\ln(\arctan x)$ 在点 $x=1$ 处连续，故有

$$\lim_{x\to 1}[\ln(\arctan x)]=\ln(\arctan 1)=\ln\frac{\pi}{4}.$$

3. 复合函数求极限的方法

定理 2.3.2 设有复合函数 $y=f[\varphi(x)]$，若 $\lim\limits_{x\to x_0}\varphi(x)=a$，而函数 $f(u)$ 在点 $u=a$ 处连续，则

$$\lim_{x\to x_0}f[\varphi(x)]=f[\lim_{x\to x_0}\varphi(x)]=f(a).$$

例 2.3.7 求极限 $\lim\limits_{x\to\infty}x\ln\left(1+\dfrac{1}{x}\right)$.

解 函数可化简为 $y=\ln\left(1+\dfrac{1}{x}\right)^x$，它是由 $y=\ln u$，$u=\left(1+\dfrac{1}{x}\right)^x$ 复合而成的，函数 $y=\ln u$ 在点 $u=e$ 处连续，故

$$\lim_{x\to\infty}x\ln\left(1+\frac{1}{x}\right)=\lim_{x\to\infty}\ln\left(1+\frac{1}{x}\right)^x=\ln\left[\lim_{x\to\infty}\left(1+\frac{1}{x}\right)^x\right]=\ln e=1.$$

2.3.3 闭区间上连续函数的性质

定理 2.3.3 闭区间上连续的函数一定存在最大值和最小值，如图 2-3-3 所示.

动画：闭区间上连续函数的性质

定理 2.3.4(零点定理) 若函数 $f(x)$ 在闭区间 $[a,b]$ 上连续，且 $f(a)$ 与 $f(b)$ 异号，则至少存在一点 $\xi\in(a,b)$，使得 $f(\xi)=0$.

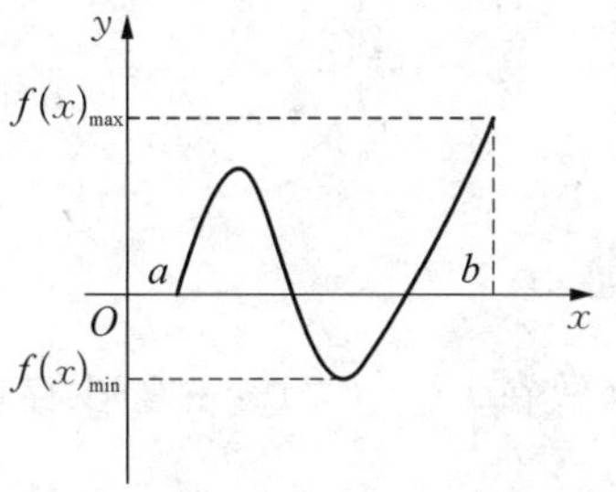

图 2-3-3

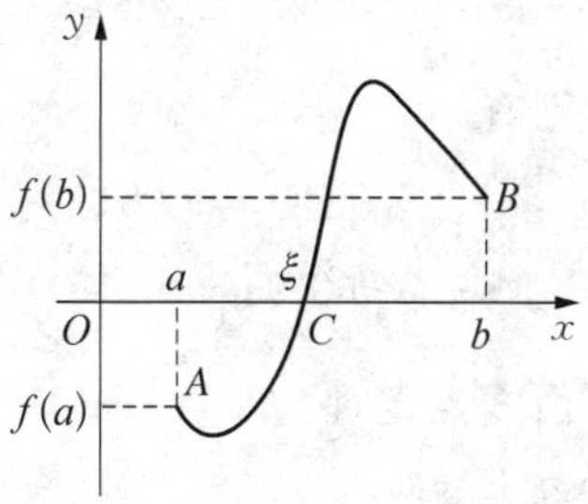

图 2-3-4

动画：零点定理

零点定理也称为根的存在定理. 如图 2-3-4 所示，从 x 轴下侧的点 A 绘制连续曲线 $y=f(x)$ 到 x 轴上侧的点 B 时，绘出的图像与 x 轴至少相交于一点 $C(\xi,\ 0)$. 这表明对于方程 $f(x)=0$，若函数 $f(x)$ 在闭区间 $[a,\ b]$ 上两个端点处的函数值异号，则该方程在开区间 $(a,\ b)$ 内至少存在一个根.

笔记

例 2.3.8　证明方程 $x^3-5x+2=0$ 在 $(0,\ 1)$ 内至少有一个实根.

证明　设 $f(x)=x^3-5x+2$，因为 $f(x)$ 在 $(-\infty,\ +\infty)$ 内连续，故 $f(x)$ 在 $(0,\ 1)$ 上也连续，而 $f(0)=2>0$，$f(1)=1-5+2=-2<0$. 故根据零点定理可知，至少存在一个 $\zeta\in(0,\ 1)$，使得 $f(\zeta)=0$，即方程 $x^3-5x+2=0$ 在 $(0,\ 1)$ 内至少有一个实根.

定理 2.3.5　若函数 $f(x)$ 在闭区间 $[a,\ b]$ 上连续，且 $f(a)\neq f(b)$，μ 为介于 $f(a)$ 与 $f(b)$ 之间的任意一个数，则至少存在一点 $\xi\in(a,\ b)$，使得 $f(\xi)=\mu$.

此定理又称介值定理.

2.3.4　应用拓展

例 2.3.9　小军计划到峨眉山顶观看日出. 他 8: 00 从山脚下的驻地出发，沿一条路径上山，于 19: 00 到达山顶并住宿一晚. 次日观看日出后，于 8: 00 沿同一路径下山，于 19: 00 到达山脚下的驻地. 试用零点定理分析：小军在两天的上、下山过程中，必有同一时刻到达同一地点的情况.

解　不妨用函数 $f(t)$ 和 $g(t)$ 分别表示小军上山和下山时在 t 时刻距山脚出发地的距离. 另外我们假设该路程的总长度为 s. 由题意，不难得出，$f(8)=0$，$f(19)=s$，$g(8)=s$，$g(19)=0$.

设函数 $h(t)$ 表示在 t 时刻时上山与下山路径中相差的距离，即

$$h(t)=f(t)-g(t).$$

则有

$$h(8)=f(8)-g(8)=0-s=-s,$$
$$h(19)=f(19)-g(19)=s-0=s.$$

由零点定理，$h(8)\cdot h(19)<0$，故在 $t\in[8,19]$ 中至少存在一个时刻 t_0，使得

$$h(t_0)=0,$$

即此时在上山和下山过程中距离山脚的距离相同，也就是说在 t_0 时刻，小军在上山和下山的路径中到达同一地点.

能力训练 2.3

1. 讨论下列函数在指定点处的连续性.

(1) $f(x)=\begin{cases}2x, & 0<x<1,\\ 1, & x=1,\\ 2x^2, & 1<x<2,\end{cases}$ 在点 $x=1$ 处的连续性；

(2) $f(x)=\begin{cases}x\sin\dfrac{1}{x}, & x\neq 0,\\ 0, & x=0,\end{cases}$ 在点 $x=0$ 处的连续性；

(3) $f(x)=\begin{cases}(1+x)^{\frac{1}{x}}, & x\neq 0,\\ 1, & x=0,\end{cases}$ 在点 $x=0$ 处的连续性；

(4) $f(x)=\begin{cases}e^x-1, & x<0,\\ x^2-1, & x\geqslant 0,\end{cases}$ 在点 $x=0$ 处的连续性.

2. 已知 $f(x)=\begin{cases}\dfrac{\sin(x+1)}{x+1}, & x\neq -1,\\ 2a, & x=-1,\end{cases}$ 问 a 为何值时函数 $f(x)$ 在点 $x=-1$ 处连续？

3. 求下列函数的连续区间.

(1) $f(x)=\dfrac{\tan x}{x}$；　　(2) $f(x)=\dfrac{\ln(x-2)}{\sqrt{9-x^2}}$.

4. 证明方程 $x\cdot 2^x=1$ 至少有一个小于1的正根.

文本：能力训练 2.3 参考答案

习题二

1. 用观察法判断下列数列是否有极限，若有，求其极限.

(1) $x_n = 10^n - 1$;　　(2) $x_n = \frac{1}{\sqrt{n}}$;

(3) $x_n = (-1)^n \frac{1}{n+1}$;　　(4) $x_n = \frac{n^2 - 1}{2n^2 + n}$.

2. 分析下列函数的变化趋势,并求极限.

(1) $\lim\limits_{x \to \infty} \frac{1}{2^n}$;　　(2) $\lim\limits_{x \to \infty} 2^x$;

(3) $\lim\limits_{x \to \infty} \frac{1}{x-1}$;　　(4) $\lim\limits_{x \to \infty} \left(\frac{1}{2}\right)^{|x|}$.

3. 下列变量中,哪些是无穷小,哪些是无穷大?

(1) $\frac{x^2 - 1}{x+1}$,当 $x \to 1$ 时;　　(2) $\frac{1}{x-2}$,当 $x \to 2$ 时;

(3) e^x,当 $x \to +\infty$ 时;　　(4) $\tan x$,当 $x \to 0$ 时;

(5) $\log_2 x$,当 $x \to +\infty$ 时;　　(6) $\left(\frac{1}{2}\right)^x - 1$,当 $x \to 0$ 时.

4. 设函数 $f(x) = \begin{cases} 6 - x, & x \geqslant 2, \\ 2x, & x < 2, \end{cases}$ 求 $\lim\limits_{x \to 2} f(x)$.

5. 求下列极限.

(1) $\lim\limits_{x \to \frac{\pi}{2}} (\sin x + x)$;　　(2) $\lim\limits_{x \to 2} \frac{2x+1}{x^3 + 2x^2}$;

(3) $\lim\limits_{x \to \sqrt{2}} \frac{x^2 - 2}{x - \sqrt{2}}$;　　(4) $\lim\limits_{x \to 1} \frac{x^2 + 2x - 3}{x^2 - 1}$.

6. 求下列极限.

(1) $\lim\limits_{x \to 1} \frac{\sin(x-1)}{x^2 - 1}$;　　(2) $\lim\limits_{x \to 0} \frac{\tan 2x}{x}$;

(3) $\lim\limits_{x \to 0} \frac{\sin 4x}{\sin x}$;　　(4) $\lim\limits_{x \to 0} \frac{\sin x^3}{(\sin x)^3}$.

7. 求下列极限.

(1) $\lim\limits_{x \to 0} (1+x)^{\frac{1}{3x}}$;　　(2) $\lim\limits_{x \to \infty} \left(1 + \frac{4}{x}\right)^{2x}$;

(3) $\lim\limits_{x \to \infty} \left(1 - \frac{2}{x}\right)^{x-1}$;　　(4) $\lim\limits_{x \to \infty} \left(\frac{1+x}{x}\right)^{x+1}$.

8. 讨论函数 $f(x) = \begin{cases} \frac{x^2 - 1}{x - 1}, & x \neq 1, \\ 3, & x = 1 \end{cases}$ 在点 $x = 1$ 处的连续性.

文本：习题二参考答案

9. 设函数 $f(x)=\begin{cases}\dfrac{\sin x}{x}, & x<0,\\ k, & x=0,\\ e^{x}, & x>0,\end{cases}$ 当 k 为何值时，函数 $f(x)$ 在其定义域内是连续的？

第 3 章 导数及其应用

导数是微分学最基本的概念. 许多领域中, 如在研究运动的各种形式时, 都需要研究函数相对于自变量变化的快慢程度. 导数的概念也是从探寻曲线的切线以及确定变速直线运动的瞬时速率中发展而来的. 本章将在函数极限的基础上, 从实际问题出发引入导数的概念, 重点介绍导数的概念及计算, 解决一般求导问题. 再以导数为工具, 以微分中值定理作为理论基础, 研究函数的某些特征, 包括函数的单调性、函数的极值与最值等, 并将这些方法应用到实际问题的解决中, 突显导数的应用价值.

笔记

3.1 导数的概念

3.1.1 两个实例

1. 变速直线运动的瞬时速度

设一物体作变速直线运动, 其运动方程(位移 s 与 t 之间的函数关系)为 $s=s(t)$, 求该物体在 t_0 时刻的瞬时速度.

分析: 设在 t_0 时刻物体的位置为 $s(t_0)$. 当时间由 t_0 变化到 $t_0+\Delta t$ 时, 物体的运动方程 $s=s(t)$ 有相应地增量 $\Delta s=s(t_0+\Delta t)-s(t_0)$, 于是比值

$$\frac{\Delta s}{\Delta t}=\frac{s(t_0+\Delta t)-s(t_0)}{\Delta t}$$

就是物体在 t_0 到 $t_0+\Delta t$ 时间内的平均速度, 记作 $\bar{v}$, 即

$$\bar{v}=\frac{\Delta s}{\Delta t}=\frac{s(t_0+\Delta t)-s(t_0)}{\Delta t}.$$

当 $|\Delta t|$ 很小时, $\bar{v}$ 可作为物体在 t_0 时刻瞬时速度的近似值. 且 $|\Delta t|$ 越小, $\bar{v}$ 就越接近物体在 t_0 时刻的瞬时速度, 即

$$v(t_0)=\lim_{\Delta t\to 0}\bar{v}=\lim_{\Delta t\to 0}\frac{\Delta s}{\Delta t}=\lim_{\Delta t\to 0}\frac{s(t_0+\Delta t)-s(t_0)}{\Delta t}.$$

因此, 变速直线运动的瞬时速度是当时间增量趋近于零时, 运动

方程的增量和时间的增量之比的极限值.

动画：平面曲线的切线斜率

2. 平面曲线的切线斜率

如图3-1-1所示，在曲线L上点M附近，再取一点N，作割线MN，当点N沿曲线L移动而趋向于点M时，MN越来越接近于MT，割线MN的极限位置MT就定义为曲线L在点M处的切线.

设曲线L为函数$y=f(x)$的图像，$M(x_0, f(x_0))$和$N(x, f(x))$为曲线L上的两点，则割线MN的斜率

$$k_{割}=\tan\varphi=\frac{\Delta y}{\Delta x}=\frac{f(x_0+\Delta x)-f(x_0)}{\Delta x}.$$

当$\Delta x\to 0$时，N沿曲线L趋向于M，则切线的斜率为

$$k_{切}=\lim_{\Delta x\to 0}\tan\varphi=\lim_{\Delta x\to 0}\frac{\Delta y}{\Delta x}=\lim_{\Delta x\to 0}\frac{f(x_0+\Delta x)-f(x_0)}{\Delta x}.$$

笔记

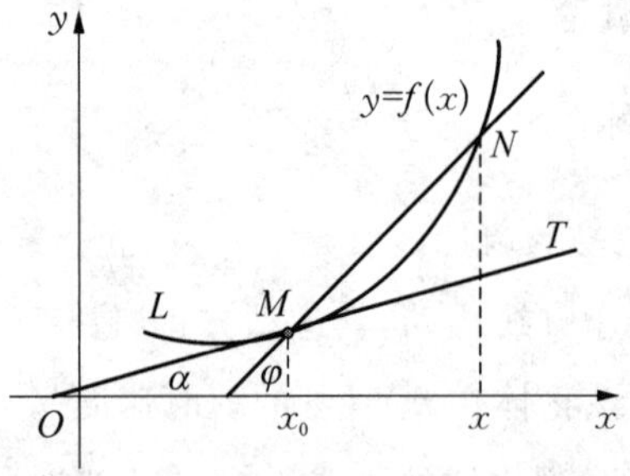

图3-1-1

由此可见，当$\Delta x\to 0$时，曲线$y=f(x)$在点M处的纵坐标y的增量Δy与横坐标x的增量Δx之比的极限即为曲线在M点处切线的斜率.

故曲线$y=f(x)$在点(x_0, y_0)处切线方程为

$$y-y_0=k_{切}(x-x_0).$$

3.1.2 导数的概念

1. 函数$y=f(x)$在点x_0处的导数

定义3.1.1 设函数$y=f(x)$在点x_0的某一邻域内有定义，当自变量x在点x_0处有增量Δx ($\Delta x\neq 0$，$x_0+\Delta x$仍在该邻域内)时，相应地，函数有增量

$$\Delta y=f(x_0+\Delta x)-f(x_0).$$

笔记

且 Δy 与 Δx 之比为 $\frac{\Delta y}{\Delta x}$，当 $\Delta x \to 0$ 时，若

$$\lim_{\Delta x \to 0} \frac{\Delta y}{\Delta x} = \lim_{\Delta x \to 0} \frac{f(x_0 + \Delta x) - f(x_0)}{\Delta x}$$

存在，那么这个极限称为函数 $y = f(x)$ 在点 x_0 处的导数，也可以说成函数 $y = f(x)$ 在点 x_0 处可导，记作 $f'(x_0)$，也记作 $y'|_{x=x_0}$，$\left.\frac{\mathrm{d}f(x)}{\mathrm{d}x}\right|_{x=x_0}$ 或 $\left.\frac{\mathrm{d}y}{\mathrm{d}x}\right|_{x=x_0}$.

如果极限不存在，则说函数 $y = f(x)$ 在点 x_0 处不可导.

注意： 用导数的定义求函数 $y = f(x)$ 在点 x_0 处的导数，可以总结为如下三个步骤：

① 求函数的增量：$\Delta y = f(x_0 + \Delta x) - f(x_0)$.

② 算比值：$\frac{\Delta y}{\Delta x} = \frac{f(x_0 + \Delta x) - f(x_0)}{\Delta x}$.

③ 取极限：$f'(x_0) = \lim\limits_{\Delta x \to 0} \frac{f(x_0 + \Delta x) - f(x_0)}{\Delta x}$.

例 3.1.1 用导数的定义求函数 $f(x) = x^2$ 在点 $x = 2$ 处的导数.

解 (1) 求函数的增量

$\Delta y = f(2 + \Delta x) - f(2) = (2 + \Delta x)^2 - 2^2 = 4\Delta x + \Delta x^2$.

(2) 算比值

$$\frac{\Delta y}{\Delta x} = \frac{f(x_0 + \Delta x) - f(x_0)}{\Delta x} = \frac{4\Delta x + \Delta x^2}{\Delta x} = 4 + \Delta x.$$

(3) 取极限

$$f'(2) = \lim_{\Delta x \to 0} \frac{\Delta y}{\Delta x} = \lim_{\Delta x \to 0} (4 + \Delta x) = 4.$$

2. 函数 $y = f(x)$ 的导函数

定义 3.1.2 若函数 $y = f(x)$ 在区间 (a, b) 内每一点都可导，则称 $y = f(x)$ 在区间 (a, b) 内可导.

如果 $y = f(x)$ 在区间 (a, b) 内可导，那么对于区间 (a, b) 中的每一个确定的 x 值，都对应着一个确定的导数值 $f'(x)$. 这样就确定了一个新的函数，此函数称为函数 $y = f(x)$ 的导函数，记作 $f'(x)$，

笔记

y'，$\frac{\mathrm{d}y}{\mathrm{d}x}$ 或 $\frac{\mathrm{d}f(x)}{\mathrm{d}x}$. 在不致发生混淆的情况下，导函数可简称为导数.

显然，函数 $y=f(x)$ 在点 x_0 处的导数 $f'(x_0)$，就是导函数 $f'(x)$ 在点 $x=x_0$ 处的函数值，即 $f'(x_0)=f'(x)\big|_{x=x_0}$.

例 3.1.2 求函数 $f(x)=x^2$ 的导函数，并求出 $f'(2)$，$f'(-3)$，$f'(10)$的值.

解 (1) 求函数的增量

$$\begin{aligned}\Delta y &= f(x+\Delta x)-f(x)=(x+\Delta x)^2-x^2\\ &=2x\cdot\Delta x+\Delta x^2.\end{aligned}$$

(2) 算比值

$$\frac{\Delta y}{\Delta x}=\frac{2x\cdot\Delta x+\Delta x^2}{\Delta x}=2x+\Delta;$$

(3) 取极限

$$f'(x)=\lim_{\Delta x\to 0}\frac{\Delta y}{\Delta x}=\lim_{\Delta x\to 0}(2x+\Delta x)=2x.$$

故 $f'(2)=f'(x)\big|_{x=2}=4$；$f'(-3)=f'(x)\big|_{x=-3}=-6$；$f'(10)=f'(x)\big|_{x=10}=20$.

例 3.1.3 已知函数 $f(x)=C$（C 为常数），证明其导函数为 0.

证明
$$\begin{aligned}f'(x)&=\lim_{\Delta x\to 0}\frac{\Delta y}{\Delta x}=\lim_{\Delta x\to 0}\frac{f(x+\Delta x)-f(x)}{\Delta x}\\ &=\lim_{\Delta x\to 0}\frac{C-C}{\Delta x}=0.\end{aligned}$$

即常数的导数 $C'=0$.

例 3.1.4 求对数函数 $y=\log_a x$ $(a>0,\ a\neq 0)$ 的导数.

解 (1) 求函数的增量

$$\begin{aligned}\Delta y &= f(x+\Delta x)-f(x)\\ &=\log_a(x+\Delta x)-\log_a x\\ &=\log_a\frac{x+\Delta x}{x}\\ &=\log_a\left(1+\frac{\Delta x}{x}\right).\end{aligned}$$

(2) 算比值

笔记

$$\frac{\Delta y}{\Delta x}=\frac{\log_a\left(1+\frac{\Delta x}{x}\right)}{\Delta x}=\frac{1}{x}\log_a\left(1+\frac{\Delta x}{x}\right)^{\frac{x}{\Delta x}}.$$

(3) 取极限

$$\lim_{\Delta x\to 0}\frac{\Delta y}{\Delta x}=\lim_{\Delta x\to 0}\frac{1}{x}\log_a\left(1+\frac{\Delta x}{x}\right)^{\frac{x}{\Delta x}}=\frac{1}{x}\log_a \mathrm{e}=\frac{1}{x\ln a}.$$

即 $(\log_a x)'=\frac{1}{x\ln a}$.

特别地，当 $a=\mathrm{e}$ 时，得自然对数的导数 $(\ln x)'=\frac{1}{x}$.

3.1.3　导数可导性与连续性的关系

设函数 $y=f(x)$ 在点 x 处可导，有 $f'(x)=\lim\limits_{\Delta x\to 0}\frac{\Delta y}{\Delta x}$，根据函数的极限与无穷小的关系，两端各乘 Δx，即得

$$\Delta y=f'(x)\Delta x+\alpha(\Delta x)\Delta x,$$

其中 $\alpha(\Delta x)$ 是 $\Delta x\to 0$ 的无穷小. 由此可见 $\lim\limits_{\Delta x\to 0}\Delta y=0$，这就是说 $y=f(x)$ 在点 x 处连续. 也就是说，如果函数 $y=f(x)$ 在点 x 处可导，那么在点 x 处必连续. 但反过来不一定成立，即在点 x 处连续的函数未必在点 x 处可导. 综上所述，可导一定连续，连续不一定可导.

3.1.4　应用拓展

例 3.1.5　请用导数的定义验证自由落体运动的瞬时速率为 $v=gt$.

解　由高中物理知识可得，自由落体的运动方程为 $s=\frac{1}{2}gt^2$. 当时间变量 t 由 t_0 变到 $t_0+\Delta t$ 时，自由落体的运动距离 s 将由 $\frac{1}{2}gt_0^2$ 变到 $\frac{1}{2}g(t_0+\Delta t)^2$，从而可以求出该自由落体运动在时间 Δt 内的平均速度为

$$\bar{v}=\frac{\Delta s}{\Delta t}=\frac{\frac{1}{2}g(t_0+\Delta t)^2-\frac{1}{2}gt_0^2}{\Delta t}=gt_0+\frac{1}{2}g(\Delta t).$$

那么，当 $|\Delta t|\to 0$ 时，平均速度 $\bar{v}$ 就会无限接近于自由落体运动在 t_0 时刻的瞬时速率 v，因此，平均速度 $\bar{v}$ 的极限值就是自由落体的瞬时速度，可得

$$v=\lim_{\Delta t\to 0}\bar{v}=\lim_{\Delta t\to 0}\frac{\Delta s}{\Delta t}=\lim_{\Delta t\to 0}\frac{\frac{1}{2}g(t_0+\Delta t)^2-\frac{1}{2}gt_0^2}{\Delta t}$$

$$=\lim_{\Delta t\to 0}\left[gt_0+\frac{1}{2}g(\Delta t)\right]=gt_0.$$

可以看出，这个结果和物理学中自由落体运动的瞬时速率公式是一样的.

能力训练 3.1

1. 用导数的定义求下列函数的导数或导函数.

(1) $f(x)=2\sqrt{x}$，在点 $x=1$ 处；　　(2) $f(x)=3x^2-2x$.

2. 若一个物体的运动满足方程 $s(t)=t^2-2t$，求该物体 4 s 末的瞬时速率.

3. 求曲线 $y=-2x^3+3x+1$ 在点(1, 2)处的切线和法线方程.

4. 若曲线 $y=2x^2-4x+p$ 与直线 $y=1$ 相切，求 p 的值.

5. 正弦曲线 $y=\sin x\ (0\leqslant x\leqslant 2\pi)$ 上哪一点的切线与直线 $x+y-1=0$ 平行?

文本：能力训练 3.1
参考答案

3.2 导数的基本公式和求导法则

3.2.1 基本初等函数的求导公式

根据导数的定义，可以得到六大类基本初等函数的求导公式，但是为了应用的方便，在这里就不一一进行推导，而是直接给出六大类基本初等函数的求导公式.

常函数：$(C)'=0$ (C 为常数).

幂函数：$(x^\mu)'=\mu x^{\mu-1}$ ($\mu\in\mathbf{R}$ 且 $\mu\neq 0$).

指数函数：$(a^x)'=a^x\ln a$ ($a>0$ 且 $a\neq 1$)；

特别地，$(e^x)'=e^x$.

对数函数：$(\log_a x)'=\dfrac{1}{x\ln a}$ ($a>0$ 且 $a\neq 1$)；

笔记

特别地，$(\ln x)'=\dfrac{1}{x}$.

三角函数：$(\sin x)'=\cos x$；　　$(\cos x)'=-\sin x$；

$(\tan x)'=\sec^2 x$；　　$(\cot x)'=-\csc^2 x$；

$(\sec x)'=\tan x\sec x$；　$(\csc x)'=-\cot x\csc x$.

反三角函数：$(\arcsin x)'=\dfrac{1}{\sqrt{1-x^2}}$；

$$(\arccos x)'=-\frac{1}{\sqrt{1-x^2}};$$

$$(\arctan x)'=\frac{1}{1+x^2};$$

$$(\operatorname{arccot} x)'=-\frac{1}{1+x^2}.$$

3.2.2　函数求导的四则运算法则

定理 3.2.1　设函数 $u=u(x)$ 与 $v=v(x)$ 在点 x 处可导，则函数 $u(x)\pm v(x)$，$u(x)v(x)$，$\dfrac{u(x)}{v(x)}$ $(v(x)\neq 0)$ 也在点 x 处可导，且有以下法则：

(1) $[u(x)\pm v(x)]'=u'(x)\pm v'(x)$.

(2) $[u(x)v(x)]'=u'(x)v(x)+u(x)v'(x)$；

特别地，$[Cu(x)]'=Cu'(x)$（C 为常数）.

(3) $\left[\dfrac{u(x)}{v(x)}\right]'=\dfrac{u'(x)v(x)-u(x)v'(x)}{v^2(x)}$；

特别地，$\left[\dfrac{C}{v(x)}\right]'=-\dfrac{Cv'(x)}{v^2(x)}$（$C$ 为常数）.

例 3.2.1　求下列函数的导数.

(1) $y=\sin x+x^2+2$；　　(2) $y=x^2\ln x$；

(3) $y=\tan x$.

解　运用基本初等函数求导公式和函数求导的四则运算法则来解决以上函数的求导问题.

(1) $y'=(\sin x)'+(x^2)'+(2)'=\cos x+2x$.

(2) $y'=(x^2)'\ln x+x^2(\ln x)'=2x\ln x+x^2\cdot\dfrac{1}{x}$

笔记

$$=x(2\ln x+1).$$

(3) $y'=(\tan x)'=\left(\dfrac{\sin x}{\cos x}\right)'=\dfrac{(\sin x)'\cos x-\sin x(\cos x)'}{\cos^2 x}$

$$=\frac{\cos^2 x+\sin^2 x}{\cos^2 x}=\frac{1}{\cos^2 x}=\sec^2 x,$$

即 $$(\tan x)'=\sec^2 x.$$

用类似的方法可得

$$(\cot x)'=-\csc^2 x;$$

$$(\sec x)'=\tan x\ \sec x;$$

$$(\csc x)'=-\cot x\ \csc x.$$

例 3.2.2 求下列函数的导数.

(1) $y=(x+1)(\sqrt{x}+x)$;　　(2) $y=\dfrac{2x^2-x+1}{x^2}$;

(3) $y=\dfrac{\cos 2x}{\sin x+\cos x}$.

解 这些函数如果直接用基本初等函数的求导公式和函数求导的四则运算法则来运算会比较繁琐,运算量较大,通过观察,采取先化简再求导的方法来解决,以此来减少运算量,并且可以提高正确率.

(1) 先化简

$$y=(x+1)(\sqrt{x}+x)=x^2+x^{\frac{3}{2}}+x+x^{\frac{1}{2}},$$

再求导

$$y=2x+\frac{3}{2}x^{\frac{1}{2}}+1+\frac{1}{2}x^{-\frac{1}{2}}.$$

(2) 先化简

$$y=\frac{2x^2-x+1}{x^2}=2-x^{-1}+x^{-2},$$

再求导

$$y'=x^{-2}-2x^{-3}=\frac{1}{x^2}-\frac{2}{x^3}.$$

(3) 先化简

$$y=\frac{\cos 2x}{\sin x+\cos x}=\frac{\cos^2 x-\sin^2 x}{\sin x+\cos x}=\cos x-\sin x,$$

再求导

$$y=-\sin x-\cos x.$$

3.2.3 应用拓展

例 3.2.3 想要测试冰箱断电后的制冷效果,已知时间 t 后冰箱的温度为 $T=-20+\dfrac{2t}{0.05t+1}$,那么冰箱温度 T 关于时间 t 的变化率是多少呢?

解 要求冰箱温度 T 关于时间 t 的变化率,就是求 T 关于 t 的导函数,即

$$\frac{\mathrm{d}T}{\mathrm{d}t}=\left(-20+\frac{2t}{0.05t+1}\right)'=0+\frac{(2t)'(0.05t+1)-2t(0.05t+1)'}{(0.05t+1)^2}$$

$$=\frac{2(0.05t+1)-2t(0.05+0)}{(0.05t+1)^2}=\frac{2}{(0.05t+1)^2}.$$

能力训练 3.2

1. 求下列函数的导数.

(1) $y=\cos x+x^3$; (2) $y=x^2\mathrm{e}^x$;

(3) $y=\dfrac{x}{1-\cos x}$; (4) $y=\sec x$;

(5) $y=\dfrac{1+x^2}{\sqrt{x}}$; (6) $y=\sqrt{x\sqrt{x}}$;

(7) $y=\sin 2x$; (8) $y=\mathrm{e}^x\arctan x$.

2. 已知函数 $f(x)=x^2-3x+\dfrac{\pi}{3}$,求 $f'(x)$, $f'\left(\dfrac{\pi}{2}\right)$.

3. 若质点的运动方程是 $s(t)=\mathrm{e}^t+t^2$,求质点在 $t=2$ 时的瞬时速度.

4. 设函数 $y=f(x)$ 是一次函数,已知 $f(0)=2$, $f(1)=-3$,求 $f'(x)$.

文本:能力训练 3.2 参考答案

3.3 复合函数与隐函数的求导

3.3.1 复合函数求导

先来看一个例子,求解 $\sin 2x$ 的导数.由基本初等函数求导公式

动画：复合函数的求导步骤

$(\sin x)'=\cos x$，那么 $(\sin 2x)'=\cos 2x$ 吗？

验证

$$(\sin 2x)'=(2\sin x\cos x)'=2\cos^2 x-2\sin^2 x$$
$$=2\cos 2x.$$

定理 3.3.1 如果函数 $u=\varphi(x)$ 在点 x 处可导，而函数 $y=f(u)$ 对应点 u 处也可导，那么复合函数 $y=f[\varphi(x)]$ 也在点 x 处可导，且有

$$\frac{\mathrm{d}y}{\mathrm{d}x}=\frac{\mathrm{d}y}{\mathrm{d}u}\cdot\frac{\mathrm{d}u}{\mathrm{d}x} \text{ 或 } \{f[\varphi(x)]\}'_x=f'_u(u)\cdot\varphi'_x(x).$$

显然，以上法则也可用于多次复合的情形.

例如，设 $y=f(u)$，$u=\varphi(v)$，$v=\psi(x)$ 都可导，则

笔记

$$\frac{\mathrm{d}y}{\mathrm{d}x}=\frac{\mathrm{d}y}{\mathrm{d}u}\cdot\frac{\mathrm{d}u}{\mathrm{d}v}\cdot\frac{\mathrm{d}v}{\mathrm{d}x} \text{ 或 } \{f[\varphi(\psi(x))]\}'_x=f'_u(u)\cdot\varphi'_v(v)\cdot\psi'_x(x).$$

例 3.3.1 求下列函数的导数.

(1) $y=\mathrm{e}^{-x}$；　　(2) $y=\sqrt{3x+2}$；

(3) $y=\tan 3x$；　　(4) $y=\ln x^2$.

解 (1) 函数 $y=\mathrm{e}^{-x}$ 可以看作是由函数 $y=\mathrm{e}^u$ 与 $u=-x$ 复合而成的，因此

$$y'=(\mathrm{e}^u)'_u\cdot(-x)'_x=\mathrm{e}^u\cdot(-1)=-\mathrm{e}^{-x}.$$

(2) 函数 $y=\sqrt{3x+2}$ 可以看作是由函数 $y=\sqrt{u}=u^{\frac{1}{2}}$ 与 $u=3x+2$ 复合而成的，因此

$$y'=(u^{\frac{1}{2}})'_u\cdot(3x+2)'_x=\frac{1}{2\sqrt{u}}\cdot 3=\frac{3}{2\sqrt{3x+2}}.$$

(3) 函数 $t=\tan 3x$ 可以看作是由函数 $y=\tan u$ 与 $u=3x$ 复合而成的，因此

$$y'=(\tan u)'_u\cdot(3x)'_x=\frac{1}{\cos^2 u}\cdot 3=\frac{3}{\cos^2 3x}.$$

(4) 函数 $y=\ln x^2$ 可以看作是由函数 $y=\ln u$ 与 $u=x^2$ 复合而成的，因此

笔记

$$y'=(\ln u)'_u \cdot (x^2)'_x=\frac{1}{u}\cdot 2x=\frac{2x}{x^2}=\frac{2}{x}.$$

注意：对复合函数的求导，正确分解复合过程是非常重要的，这个法则被熟练运用后，可以按照复合的前后次序，层层求导，直接得出最后结果.

例 3.3.2　求下列函数的导数.

(1) $y=\sin^2\sqrt{x}$；　　(2) $y=\ln\cos 2x$.

解　(1) $y'=(\sin^2\sqrt{x})'=2\sin\sqrt{x}(\sin\sqrt{x})'$

$$=2\sin\sqrt{x}\cdot\cos\sqrt{x}\cdot(\sqrt{x})'$$

$$=2\sin\sqrt{x}\cdot\cos\sqrt{x}\cdot\frac{1}{2\sqrt{x}}=\frac{\sin 2\sqrt{x}}{2\sqrt{x}}.$$

(2) $y'=(\ln\cos 2x)'=\dfrac{1}{\cos 2x}(\cos 2x)'=-\dfrac{\sin 2x}{\cos 2x}(2x)'$

$$=-2\tan 2x.$$

3.3.2　隐函数求导

前面讨论的函数都是把因变量 y 写成自变量 x 的明显表达式 $y=f(x)$，一般把这样的函数称为显函数，例如 $y=\sin x$，$y=-x^2+e^x$，$y=\ln\cos x$ 等. 但是有些函数的表达式却不是这样的，例如 $3x+y^3-1=0$，$e^y=x^2+1$，$x^2y+\sin y=1$，$\ln(xy)-y^2=x$ 等也表示函数. 像这样由方程 $F(x, y)=0$ 所确定的函数称为隐函数.

一般地，如果变量 x 和 y 之间的函数关系是由一个方程 $F(x, y)=0$ 确定的，那么这种函数就叫作由方程所确定的**隐函数**.

把一个隐函数化为显函数的过程叫作隐函数的显化. 有些隐函数容易化成显函数，例如隐函数 $3x+y^3-1=0$ 可以化为显函数 $y=\sqrt[3]{1-3x}$，隐函数 $e^y=x^2+1$ 可以化为显函数 $y=\ln(x^2+1)$. 对可显化的隐函数求导，只需先把隐函数显化，再利用显函数的求导方法即可. 但是有的隐函数是不容易进行显化的，例如 $x^2y+\sin y=1$，$\ln(xy)-y^2=x$ 等，那么对于不能显化的隐函数应如何进行求导呢？

1. 隐函数的求导方法

设方程 $F(x, y)=0$ 所确定的隐函数为 $y=f(x)$，求导数 $\dfrac{dy}{dx}$.

求方程 $F(x, y)=0$ 所确定的隐函数 $y=f(x)$ 的导数 $\dfrac{dy}{dx}$，只需

笔记

将方程中的 y 看成是 x 的函数,利用复合函数的求导法则,在方程两边同时对 x 求导,得到一个关于 $\frac{dy}{dx}$ 方程,然后从中解出 $\frac{dy}{dx}$ 即可.

例 3.3.3 设 $y=f(x)$ 是由方程 $x^2y+\sin y=1$ 所确定的隐函数,求其导数.

解 在方程两边同时对 x 求导,可得

$$2xy+x^2\frac{dy}{dx}+\cos y\cdot\frac{dy}{dx}=0,$$

由上式整理得

$$\frac{dy}{dx}=-\frac{2xy}{x^2+\cos y}.$$

2. 对数求导法(将显函数化为隐函数求导)

对数求导法适用于由几个因子通过乘、除、乘方、开方所构成的比较复杂的函数的求导. 对数求导法的过程是先取对数,化乘、除、乘方、开方为乘积,然后利用隐函数的求导方法求导.

例 3.3.4 求 $y=x^x(x>0)$ 的导数.

解 对于 $y=x^x(x>0)$ 两边取对数,得

$$\ln y=x\ln x,$$

两边对 x 求导,得

$$\frac{1}{y}y'=x'\ln x+x(\ln x)',$$

所以 $$y'=y(\ln x+1)=x^x(\ln x+1).$$

例 3.3.5 设 $y=(x-2)\sqrt[4]{(3x+1)^3}$,求 y'.

解 先在等式两边取绝对值,再取对数,得

$$\ln|y|=\ln|x-2|+\frac{3}{4}\ln|3x+1|,$$

两边对 x 求导,得

$$\frac{1}{y}y'=\frac{1}{x-2}+\frac{3}{4}\cdot\frac{3}{3x+1},$$

所以 $$y'=(x-2)\sqrt[4]{(3x+1)^3}\left[\frac{1}{x-2}+\frac{9}{4(3x+1)}\right].$$

以后解题时，为了方便起见，取绝对值这一步可以略去.

笔记

3.3.3 应用拓展

例 3.3.6 若水以 $a(\text{m}^3/\text{min})$ 的速率注入高为 $10(\text{m})$、底面半径为 $5(\text{m})$ 的圆锥形容器中，则当水深为 $8(\text{m})$ 时，水位的上升速度是多少?

解 设在时间 t 时，容器中水的体积为 V，水面的半径为 r，容器中水的深度为 x，由题意，有

$$V=\frac{1}{3}\pi r^2 x,$$

因为 $\frac{r}{5}=\frac{x}{10}$，所以 $r=\frac{x}{2}$，代入上式得

$$V=\frac{1}{12}\pi x^3.$$

又因为水的深度 x 是时间 t 的函数，即 $x=x(t)$，所以水的体积 V 通过中间变量 x 与时间 t 发生联系，是时间 t 的复合函数，即

$$V=\frac{1}{12}\pi[x(t)]^3.$$

在上式中，等式两端同时对时间 t 求导，得

$$\frac{\mathrm{d}V}{\mathrm{d}t}=\frac{1}{12}\pi\cdot 3x^2\cdot\frac{\mathrm{d}x}{\mathrm{d}t}=\frac{\pi}{4}x^2\cdot\frac{\mathrm{d}x}{\mathrm{d}t}.$$

其中 $\frac{\mathrm{d}V}{\mathrm{d}t}$ 是体积的变化率，由题意知 $\frac{\mathrm{d}V}{\mathrm{d}t}=a(\text{m}^3/\text{min})$，$\frac{\mathrm{d}x}{\mathrm{d}t}$ 是水的深度的变化率，$x=8$ 代入上式得

$$\frac{\mathrm{d}x}{\mathrm{d}t}=\frac{4}{\pi x^2}\cdot\frac{\mathrm{d}V}{\mathrm{d}t}=\frac{4}{\pi 8^2}\cdot a=\frac{a}{16\pi}(\text{m/min}).$$

所以，当水深为 $8(\text{m})$ 时，水位的上升速度是 $\frac{a}{16\pi}(\text{m/min})$.

能力训练 3.3

1. 求下列复合函数的导数.

(1) $y=\sec 2x$;　　(2) $y=\cos^2 x$;

(3) $y=(2-3x)^{10}$;　　(4) $y=\mathrm{e}^{2x+3}$;

(5) $y=\arcsin x^2$;　　(6) $y=5^{2x-3}$;

(7) $y=\arctan\sqrt{x}$;　　(8) $y=\sqrt[3]{(3x-1)^2}$;

(9) $y=\sin^3\dfrac{1}{x}$;　　(10) $y=\ln\sin e^x$;

(11) $y=\sqrt{\cot\dfrac{x}{2}}$;　　(12) $y=\ln(x+\sqrt{x^2+1})$;

(13) $y=(1-2x)^3e^{2x}$;　　(14) $y=x^{\sin x}(x>0)$.

2. 求下列方程所确定的隐函数的导数$\dfrac{dy}{dx}$.

(1) $e^y+xy=0$;　　(2) $x^2+2xy-y^2=2x$;

(3) $x^2y-e^{2x}=\sin y$;　　(4) $y=\sin(3x-y)$.

文本：能力训练 3.3 参考答案

3. 求曲线 $\dfrac{x^2}{4}+\dfrac{y^2}{3}=1$ 在点$\left(\sqrt{2},\dfrac{\sqrt{6}}{2}\right)$处的切线方程.

笔记

3.4 高阶导数

3.4.1 高阶导数

定义 3.4.1　如果函数 $y=f(x)$ 的导数 $y'=f'(x)$ 仍是 x 的可导函数,就称 $y'=f'(x)$ 的导数为函数 $y=f(x)$ 的二阶导数,记作 y'',或 $\dfrac{d^2y}{dx^2}$, $\dfrac{d^2f(x)}{dx^2}$,即 $y''=(y')'=f''(x)$ 或 $\dfrac{d^2y}{dx^2}=\dfrac{d}{dx}\left(\dfrac{dy}{dx}\right)$.

类似地,二阶导数的导数叫作三阶导数,三阶导数的导数叫作四阶导数,……,一般地,函数 $y=f(x)$ 的 $n-1$ 阶导数的导数叫作 n 阶导数,分别记作 y''', $y^{(4)}$, …, $y^{(n)}$, 或 $f'''(x)$, $f^{(4)}(x)$, …, $f^{(n)}(x)$ 或 $\dfrac{d^2y}{dx^2}$, $\dfrac{d^3y}{dx^3}$, …, $\dfrac{d^ny}{dx^n}$.

一般地,$y^{(n)}=[y^{(n-1)}]'=f^{(n)}(x)$.

函数 $y=f(x)$ 在点 x_0 处的 n 阶导数值记作 $f^{(n)}(x_0)$, $\left.\dfrac{d^ny}{dx^n}\right|_{x=x_0}$ 等.

一般将二阶及其以上阶数的导数统称为**高阶导数**.

例 3.4.1　求下列函数的二阶导数.

(1) $y=x^3-2x+1$;　　(2) $y=x^2\ln x$;

(3) $y=\arctan(-x)$.

解　(1) 因为 $y'=3x^2-2$,

笔记

所以 $y''=6x$.

(2) 因为 $y'=2x\ln x+x^2\cdot\frac{1}{x}=2x\ln x+x$,

所以 $y''=2\ln x+2x\cdot\frac{1}{x}+1=2\ln x+3$.

(3) 因为 $y'=\frac{1}{1+(-x)^2}(-x)'=-\frac{1}{1+x^2}$,

所以 $y''=\left(-\frac{1}{1+x^2}\right)'=(1+x^2)^{-2}(1+x^2)'=\frac{2x}{(1+x^2)^2}$.

例 3.4.2　求 n 次多项式 $y=a_0x^n+a_1x^{n-1}+\cdots+a_{n-2}x^2+a_{n-1}x+a_n$ 的各阶导数.

解

$$y'=na_0x^{n-1}+(n-1)a_1x^{n-2}+\cdots+2a_{n-2}x+a_{n-1},$$
$$y''=n(n-1)a_0x^{n-2}+(n-1)(n-2)a_1x^{n-3}+\cdots+2a_{n-2},$$

……

通过观察发现,每求一阶导数,多项式的最高次就降低一次,并且每次求导后常数项就不见了,继续求导得

$$y^{(n)}=n!\,a_0,$$

故 $y^{(n+1)}=0$.

于是,有结论:n 次多项式 $y=a_0x^n+a_1x^{n-1}+\cdots+a_{n-2}x^2+a_{n-1}x+a_n$ 的一切高于 n 阶的导数都是 0.

例如,求 5 次多项式 $y=3x^5+x^4-2x^3+10x^2+7$ 的五阶和六阶导数.我们可以直接利用例 3.4.2 的结论,求出 $y^{(5)}=3\cdot5!=360$, $y^{(6)}=0$.

例 3.4.3　求 $y=\sin x$ 与 $y=\cos x$ 的 n 阶导数.

解　$y=\sin x$,有

$$y'=\cos x=\sin\left(x+\frac{\pi}{2}\right),$$

$$y''=\cos\left(x+\frac{\pi}{2}\right)=\sin\left(x+\frac{\pi}{2}+\frac{\pi}{2}\right)=\sin\left(x+2\cdot\frac{\pi}{2}\right),$$

$$y'''=\cos\left(x+2\cdot\frac{\pi}{2}\right)=\sin\left(x+3\cdot\frac{\pi}{2}\right),$$

依此类推,可得

笔记

$$y^{(n)}=\sin\left(x+n\cdot\frac{\pi}{2}\right),$$

即

$$(\sin x)^{(n)}=\sin\left(x+n\cdot\frac{\pi}{2}\right).$$

用类似的方法,可得

$$(\cos x)^{(n)}=\cos\left(x+n\cdot\frac{\pi}{2}\right).$$

3.4.2 应用拓展

例 3.4.4 在测试汽车的刹车性能时发现,刹车后汽车行驶的距离 s(单位：m)与时间(单位：s)满足关系式 $s=19.2t-0.4t^3$,求汽车经过几秒后能够停下来,此时的加速度是多少?

解 由 $s=19.2t-0.4t^3$,知汽车刹车后的速度为

$$v=\frac{\mathrm{d}s}{\mathrm{d}t}=(19.2t-0.4t^3)'=19.2-1.2t^2,$$

汽车停下来时的速度 $v=19.2-1.2t^2=0$,得到 $t=4$,即是说经过4(s)后汽车才能停下来,此时的加速度

$$a=\frac{\mathrm{d}v}{\mathrm{d}t}=\frac{\mathrm{d}^2s}{\mathrm{d}t^2}=(19.2-1.2t^2)'=-2.4t.$$

将 $t=4$ 代入得 $a=-9.6(\mathrm{m/s^2})$.

能力训练 3.4

1. 求下列函数的二阶导数.

(1) $y=-2x^2+3x$;

(2) $y=\cos(x^2+1)$.

2. 求函数 $y=\dfrac{1}{x+1}$ 的三阶导数.

3. 已知函数 $y=ax^2+bx+c$,求 y'', y''', $y^{(4)}$.

4. 已知函数 $y=x\cos x$,求 $y''\left(\dfrac{\pi}{2}\right)$.

5. 已知 $f''(x)$存在,$y=f(\ln x)$,求 y''.

文本：能力训练 3.4
参考答案

3.5 微 分

3.5.1 微分的概念

动画：微分的概念

1. 微分的定义

定义 3.5.1 若函数 $y=f(x)$ 在点 x 处的改变量 $\Delta y=f(x+\Delta x)-f(x)$ 可以表示成 $\Delta y=A\Delta x+o(\Delta x)$，其中 $o(\Delta x)$ 为比 $\Delta x(\Delta x\to 0)$ 高阶的无穷小$\left(当 \lim\limits_{\Delta x\to 0}\dfrac{o(\Delta x)}{\Delta x}=0 时，一般称 o(\Delta x) 为 \Delta x(\Delta x\to 0) 的高阶无穷小\right)$，则称函数 $y=f(x)$ 在点 x 处可微，并称其线性主部 $A\Delta x$ 为函数 $y=f(x)$ 在点 x 处的微分，记作 $\mathrm{d}y$ 或 $\mathrm{d}f(x)$，即 $\mathrm{d}y=A\Delta x$ 且有 $A=f'(x)$，这样 $\mathrm{d}y=f'(x)\Delta x$.

动画：正方形面积改变量

笔记

2. 可导与微分的关系

由上面的讨论和微分定义可知：一元函数的可导与可微是等价的，且其关系 $\mathrm{d}y=f'(x)\Delta x$.

当函数 $f(x)=x$ 时，函数的微分 $\mathrm{d}f(x)=\mathrm{d}x=x'\Delta x=\Delta x$ 即 $\mathrm{d}x=\Delta x$. 因此，规定自变量的微分等于自变量的增量，这样函数 $y=f(x)$ 的微分可以写成 $\mathrm{d}y=f'(x)\Delta x=f'(x)\mathrm{d}x$，或在上式两边同除以 $\mathrm{d}x$，有 $\dfrac{\mathrm{d}y}{\mathrm{d}x}=f'(x)$.

由此可见，导数等于函数的微分与自变量的微分之商，即 $f'(x)=\dfrac{\mathrm{d}y}{\mathrm{d}x}$，正因为这样，导数也称为“微商”，而微分的分式 $\dfrac{\mathrm{d}y}{\mathrm{d}x}$ 也常被用作导数的符号.

注意： 微分与导数虽然有着密切的联系，但它们是有区别的. 导数是函数在某一点处的变化率，而微分是函数在某一点处由自变量增量所引起的函数变化量的主要部分；导数的值只与 x 有关，而微分的值与 x 和 Δx 都有关.

例 3.5.1 设函数 $y=(3x+x^2)^5$，求 $\mathrm{d}y$.

解 $\mathrm{d}y=[(3x+x^2)^5]'\mathrm{d}x=5(3+2x)(3x+x^2)^4\mathrm{d}x$.

3.5.2 微分的基本公式与运算法则

因为函数 $y=f(x)$ 的微分等于该函数的导数 $f'(x)$ 乘 $\mathrm{d}x$，所以根据导数的基本公式和导数的基本运算法则，就能得到相应的微分基

笔记

本公式和微分运算法则:

1. 微分基本公式

$d(C)=0$ (C 为常数); $d(x)=dx$;

$d(x^{\mu})=\mu x^{\mu-1}dx$ ($\mu\in\mathbf{R}$ 且 $\mu\neq 0$);

$d(a^{x})=a^{x}\ln x\,dx$ ($a>0$ 且 $a\neq 1$);

$d(e^{x})=e^{x}dx$;

$d(\log_{a}x)=\dfrac{1}{x\ln a}dx$ ($a>0$ 且 $a\neq 1$);

$d(\ln x)=\dfrac{1}{x}dx$; $d(\sin x)=\cos x\,dx$;

$d(\cos x)=-\sin x\,dx$; $d(\tan x)=\sec^{2}x\,dx$;

$d(\cot x)=-\csc^{2}x\,dx$; $d(\sec x)=\tan x\sec x\,dx$;

$d(\csc x)=-\cot x\csc x\,dx$; $d(\arcsin x)=\dfrac{1}{\sqrt{1-x^{2}}}dx$;

$d(\arccos x)=-\dfrac{1}{\sqrt{1-x^{2}}}dx$; $d(\arctan x)=\dfrac{1}{1+x^{2}}dx$;

$d(\operatorname{arccot} x)=-\dfrac{1}{1+x^{2}}dx$.

2. 函数的和、差、积、商的微分运算法则

设函数 $u=u(x)$ 和 $v=v(x)$ 在 x 处可微,则

(1) $d(u\pm v)=du\pm dv$;

(2) $d(uv)=v\,du+u\,dv$,特别地,$d(Cu)=C\,du$ (C 为常数);

(3) $d\left(\dfrac{u}{v}\right)=\dfrac{v\,du-u\,dv}{v^{2}}$ ($v\neq 0$).

3. 复合函数的微分运算法则

设函数 $y=f(u)$,根据微分的定义,当 u 是自变量时,函数 $y=f(u)$ 的微分是 $dy=f'(u)du$,如果 u 不是自变量,而是 x 的导函数 $u=\varphi(x)$,则复合函数 $y=f[\varphi(x)]$ 的微分为 $dy=y'_{x}dx=f'(u)\varphi'(x)dx$.

例 3.5.2 设函数 $y=\arctan\sqrt{x^{2}-1}$,求 dy.

解 $y'=(\arctan\sqrt{x^{2}-1})'dx=\dfrac{1}{1+x^{2}-1}\cdot(\sqrt{x^{2}-1})'dx$

笔记

$$=\frac{1}{x^2}\cdot\frac{2x}{2\sqrt{x^2-1}}dx=\frac{dx}{x\sqrt{x^2-1}}.$$

例 3.5.3　求由方程 $e^y=xy$ 确定的隐函数 $y=f(x)$ 的微分.

解　对方程两边求微分,得

$$e^y\frac{dy}{dx}=y+x\frac{dy}{dx},$$

即

$$\frac{dy}{dx}=\frac{y}{e^y-x},$$

故

$$dy=\frac{y}{e^y-x}dx.$$

3.5.3　应用拓展

例 3.5.4　有一批半径为 1(cm)的球,为了提高球表面的光洁度,需要镀一层铜,厚度为 0.01(cm),试估计镀每只球需要多少铜?(铜的密度为 8.9 g/cm^3)

解　要求铜的质量,应该先求出镀层的体积,因为镀层的体积等于两个球体的体积之差,所以它就是球体体积 $V=\frac{4}{3}\pi R^3$ 当 $R=1$, $\Delta R=0.01$ 时的增量 ΔV. 因为

$$V'=\left(\frac{4}{3}\pi R^3\right)'=4\pi R^2,$$

所以

$$\begin{aligned}\Delta V\Big|_{\substack{R=1\\ \Delta R=0.01}}&\approx dV\Big|_{\substack{R=1\\ \Delta R=0.01}}=4\pi R^2\Delta R\Big|_{\substack{R=1\\ \Delta R=0.01}}\\&\approx 4\times3.14\times1^2\times0.01\\&\approx 0.13(\text{cm}^3).\end{aligned}$$

于是,镀每只球需用的铜为

$$0.13\times8.9\approx1.16(\text{g}).$$

能力训练 3.5

求下列函数的微分.

(1) $y=2\sin x+e^{-2x}$;　　(2) $y=\cos^2(-x)$;

文本：能力训练 3.5 参考答案

(3) $y=\dfrac{x}{\ln x}$；　　(4) $y=\mathrm{e}^{\cos x}$；

(5) $y=\ln\dfrac{2-x}{2+x}$；　　(6) $y=\sqrt{x+\sqrt{x}}$.

3.6 导数的应用

3.6.1 拉格朗日中值定理

定理 3.6.1 如果函数 $y=f(x)$ 满足下列条件：

(1) 在闭区间 $[a, b]$ 上连续；

(2) 在开区间 (a, b) 内可导；

那么，在 (a, b) 内至少存在一点 ξ，使得

$$\frac{f(b)-f(a)}{b-a}=f'(\xi).$$

动画：拉格朗日中值定理

定理 3.6.1 又称拉格朗日中值定理.

拉格朗日中值定理的**几何**解释如图 3-6-1 所示. 如果函数 $y=f(x)$ 在闭区间 $[a, b]$ 上连续，在开区间 (a, b) 内可导，那么在区间 (a, b) 内至少存在一点 ξ，使得过该点的切线与连接曲线端点的直线 AB 平行，即它们的斜率相等. 直线 AB 的斜率为

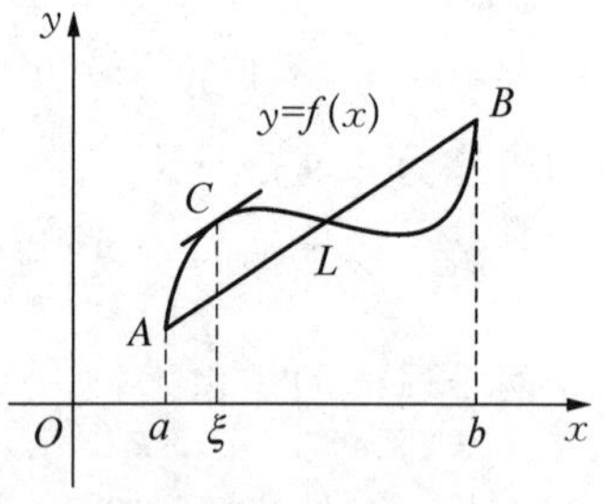

图 3-6-1

$$k_{AB}=\frac{f(b)-f(a)}{b-a},$$

过 ξ 点的切线斜率为 $k_{切}=f'(\xi)$，故

$$\frac{f(b)-f(a)}{b-a}=f'(\xi).$$

3.6.2 函数单调性的判定

定理 3.6.2 设函数 $y=f(x)$ 在闭区间 $[a, b]$ 上连续，在开区间 (a, b) 内可导，则有：

动画：函数单调性的分析

(1) 如果在 (a, b) 内 $f'(x)>0$，则函数 $y=f(x)$ 在 $[a, b]$ 上

笔记

单调增加.

(2) 如果在 (a, b) 内 $f'(x)<0$，则函数 $y=f(x)$ 在 $[a, b]$ 上单调减少.

定理 3.6.2 的证明略.

那么，如何才能求出函数的单调区间呢？为了应用的方便，在这里直接给出求函数单调区间的**一般步骤**：

(1) 确定函数 $y=f(x)$ 的定义域 D.

(2) 求导函数 $f'(x)$，并解出使 $f'(x)=0$ 的点（这样的点称为驻点）和 $f'(x)$ 不存在的点（这样的点称为尖点）.

(3) 用求出的驻点及尖点划分定义域区间.

(4) 列表判定 $f'(x)$ 在各个划分区间内的符号，再由定理 3.6.2 得出函数在划分区间内的单调性.

(5) 总结得出单调区间.

例 3.6.1　求函数 $f(x)=x^3-3x^2+1$ 的单调区间.

解　易知该函数的定义域为 $D=(-\infty, +\infty)$，

$$f'(x)=3x^2-6x=3x(x-2).$$

求使 $f'(x)=3x(x-2)=0$ 的点，得驻点 $x_1=0$，$x_2=2$. 用驻点将定义域划分成三个子区间 $(-\infty, 0)$，$(0, 2)$，$(2, +\infty)$ 后列表讨论如下.

x	$(-\infty, 0)$	0	$(0, 2)$	2	$(2, +\infty)$
$f'(x)$	$+$	0	$-$	0	$+$
$f(x)$	$\nearrow$		$\searrow$		$\nearrow$

由上表可知，函数在区间 $(-\infty, 0)$ 和 $(2, +\infty)$ 内单调增加，在区间 $(0, 2)$ 内单调减少.

例 3.6.2　求函数 $f(x)=x-\frac{3}{2}\cdot\sqrt[3]{x^2}$ 的单调性.

微课：例 3.6.2 解析

解　该函数的定义域为 $D=(-\infty, +\infty)$，

$$f'(x)=1-x^{-\frac{1}{3}}=\frac{\sqrt[3]{x}-1}{\sqrt[3]{x}}.$$

得驻点 $x=1$，尖点 $x=0$，用驻点及尖点将定义域划分成三个子区间 $(-\infty, 0)$，$(0, 1)$，$(1, +\infty)$ 后列表讨论如下.

x	$(-\infty, 0)$	0	$(0, 1)$	1	$(1, +\infty)$
$f'(x)$	+	0	−	不存在	+
$f(x)$	↗		↘		↗

由上表可知，函数在区间 $(-\infty, 0)$ 和 $(1, +\infty)$ 内单调增加，在区间 $(0, 1)$ 内单调减少.

注意：从上述例题中可以发现，有的函数可能只有驻点，有的函数可能只有尖点，有的函数可能既有驻点又有尖点，所以在讨论函数单调性时一定不要忽略尖点.

3.6.3 函数的极值

动画：函数极值的定义

定义 3.6.1 设函数 $f(x)$ 在 x_0 的某邻域内有定义，且对此邻域内任意一点 $x\ (x \neq x_0)$，均有 $f(x) < f(x_0)$，则称 $f(x_0)$ 是函数 $f(x)$ 的一个极大值；同样，如果对此邻域内任意一点 $x\ (x \neq x_0)$，均有 $f(x) > f(x_0)$，则称 $f(x_0)$ 是函数 $f(x)$ 的一个极小值. 函数的极大值与极小值统称为函数的极值. 使函数取得极值的点 x_0 称为极值点.

注意：极值点是指函数取得极值时对应的自变量的取值，而极值是指函数值，两者不能混淆.

定理 3.6.3(极值的必要条件) 设 $f(x_0)$ 在点 x_0 处可导，且在点 x_0 处取得极值，则必有 $f'(x_0) = 0$.

函数极值点特征：由定理 3.6.3 知，可导函数 $f(x)$ 的极值点必是 $f(x)$ 的驻点. 反过来，驻点却不一定是 $f(x)$ 的极值点. 例如，$x = 0$ 是函数 $f(x) = x^3$ 的驻点，但不是其极值点. 对于连续函数，它的极值点还可能是尖点. 例如，$f(x) = |x|$，在 $x = 0$ 处函数的导数不存在，但 $x = 0$ 是它的极小值点.

定理 3.6.4(极值的第一充分条件) 设函数 $f(x)$ 在点 x_0 处连续，在点 x_0 的某一邻域内可导(在点 x_0 处可以不可导)，当 x 由小增大经过 x_0 时：

(1) 如果 $f'(x)$ 的符号由正变负，那么 x_0 是极大值点；

(2) 如果 $f'(x)$ 的符号由负变正，那么 x_0 是极小值点；

(3) 如果 $f'(x)$ 的符号不变，那么 x_0 不是极值点.

注意：由定理 3.6.4 可以总结出求函数极值的步骤，即在求函数单调性的步骤之后，观察该驻点或尖点是否是函数单调性发生改变的点，若是，则该点是函数的极值点，否则就不是.

例 3.6.3　求函数 $f(x)=2x^3-9x^2+12x-3$ 的极值.

解　易知该函数的定义域为 $D=(-\infty, +\infty)$，

$$f'(x)=6x^2-18x+12=6(x-1)(x-2).$$

求使 $f'(x)=6(x-1)(x-2)=0$ 的点，得驻点 $x_1=1$，$x_2=2$. 用驻点将定义域划分成三个子区间 $(-\infty, 1)$，$(1, 2)$，$(2, +\infty)$ 后列表讨论如下.

x	$(-\infty, 1)$	1	$(1, 2)$	2	$(2, +\infty)$
$f'(x)$	+	0	−	0	+
$f(x)$	↗	极大值	↘	极小值	↗

由上表可知，函数在区间 $(-\infty, 1)$ 和 $(2, +\infty)$ 内单调增加，在区间 $(1, 2)$ 内单调减少，故 $x=1$ 是函数的极大值点，函数在点 $x=1$ 处取得极大值，极大值为 $f(1)=2-9+12-3=2$；$x=2$ 是函数的极小值点，函数在点 $x=2$ 处取得极小值，极小值为 $f(2)=16-36+24-3=1$.

笔记

3.6.4　函数的最值

闭区间 $[a, b]$ 上的连续函数 $f(x)$ 一定存在着最大值和最小值. 显然，函数在闭区间 $[a, b]$ 上的最大值和最小值只能在区间 (a, b) 内的极值点和区间端点处取得.

因此可得求闭区间 $[a, b]$ 上的连续函数 $f(x)$ 的最值步骤为：

(1) 求出一切可能的极值点（包括驻点和尖点）和端点处的函数值；

(2) 比较这些函数值的大小，最大的值为函数的最大值，最小的值为函数的最小值.

例 3.6.4　求函数 $f(x)=x^3-6x^2+9x+5$ 在闭区间 $[0, 5]$ 上的最大值和最小值.

解　该函数的定义域为 $(-\infty, +\infty)$，

$$f'(x)=3x^2-12x+9=3(x^2-4x+3)=3(x-1)(x-3).$$

令 $f'(x)=3(x-1)(x-3)=0$，得驻点 $x=1$，$x=3$.

求出 $[0, 5]$ 内所有驻点及端点的函数值，有

$$f(0)=5,\ f(1)=9,\ f(3)=5,\ f(5)=25.$$

比较大小,可以得出函数在端点 $x=5$ 处取得最大值 $f(5)=25$,在端点 $x=0$ 与驻点 $x=3$ 处取得最小值 $f(0)=f(3)=5$.

3.6.5 曲线的凹凸性及其判别法

1. 曲线的凹凸性

动画:曲线的凹凸性

定义 3.6.2 若在某区间 (a, b) 内曲线段总位于其上任意一点处切线的上方,则称曲线段在 (a, b) 内是凹的;若曲线段总位于其上任一点处切线的下方,则称该曲线段在 (a, b) 内是凸的.

定理 3.6.5 设函数 $y=f(x)$ 在 $[a, b]$ 上连续,且在开区间 (a, b) 内具有二阶导数.

(1) 若在 (a, b) 内 $f''(x)>0$,则曲线 $y=f(x)$ 在 $[a, b]$ 上是凹的;

笔记

(2) 若在 (a, b) 内 $f''(x)<0$,则曲线 $y=f(x)$ 在 $[a, b]$ 上是凸的.

注意: 若把定理 3.6.5 中的区间改为无穷区间,结论仍然成立.

例 3.6.5 判定曲线 $f(x)=x^3-3x^2-1$ 的凹凸性.

解 函数 $f(x)=x^3-3x^2-1$ 的定义域为 $\mathbf{R}$,且 $y'=3x^2-6x$,$y''=6x-6$.

当 $x<1$ 时,$y''<0$,故曲线 $f(x)=x^3-3x^2-1$ 在 $(-\infty, 1)$ 内是凸的;当 $x>1$ 时,$y''>0$,故曲线 $f(x)=x^3-3x^2-1$ 在 $(1, +\infty)$ 内是凹的.

2. 拐点及其求法

定义 3.6.3 若连续曲线 $y=f(x)$ 上的点 P 是曲线“凹”与“凸”的分界点,则称点 P 是曲线 $y=f(x)$ 的拐点.

由于拐点是曲线凹凸性的分界点,所以拐点左右两侧近旁 $f''(x)$ 必然异号. 因此,曲线拐点只可能是使 $f''(x)=0$ 或 $f''(x)$ 不存在的点. 从而可得求区间 (a, b) 内连续函数 $y=f(x)$ 拐点的步骤:

(1) 先求出函数 $y=f(x)$ 的定义域;

(2) 再求出 $f''(x)$,找出在区间 (a, b) 内使 $f''(x)=0$ 的点和 $f''(x)$ 不存在的点;

(3) 用上述各点将区间 (a, b) 划分成子区间,再在每个子区间上考察 $f''(x)$ 的符号;

(4) 若 $f''(x)$ 在某点 x_i 两侧近旁异号,则 $(x_i, f(x_i))$ 是曲线

$y=f(x)$ 的拐点，否则不是.

例 3.6.6　求函数曲线 $y=x^3$ 的凹凸性及拐点.

动画：例 3.6.6 解析

解　函数 $y=x^3$ 的定义域是 $(-\infty,+\infty)$，

$$y'=3x^2,\ y''=6x.$$

令 $y''=6x=0$，得 $x=0$. 该点将定义域划分为两个子区间 $(-\infty,0)$ 和 $(0,+\infty)$.

当 $x\in(-\infty,0)$ 时，$y''=6x<0$，曲线 $y=x^3$ 是凸的；

当 $x\in(0,+\infty)$ 时，$y''=6x>0$，曲线 $y=x^3$ 是凹的.

故点 $(0,0)$ 是曲线 $y=x^3$ 的拐点，如图 3-6-2 所示.

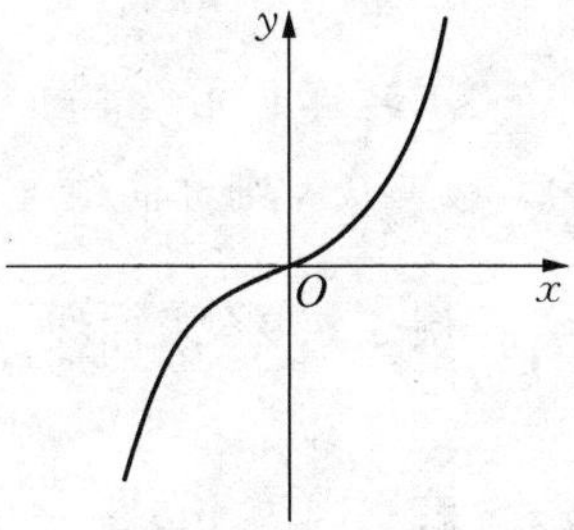

图 3-6-2

笔记

3.6.6　曲线的渐近线

定义 3.6.4　若曲线 C 上动点 P 沿着曲线无限地远离原点时，点 P 与某一固定直线 L 的距离趋近于零，则称直线 L 为曲线 C 的渐近线.

1. 斜渐近线

定理 3.6.6　若 $f(x)$ 满足

(1) $\lim\limits_{x\to\infty}\dfrac{f(x)}{x}=k\ (k\neq 0)$；

(2) $\lim\limits_{x\to\infty}[f(x)-kx]=b$；

则曲线 $y=f(x)$ 有斜渐近线 $y=kx+b$.

例 3.6.7　求曲线 $y=\dfrac{2x^2}{x-1}$ 的渐近线.

解　令 $y=\dfrac{2x^2}{x-1}$，则有

$$k=\lim_{x\to\infty}\frac{f(x)}{x}=\lim_{x\to\infty}\frac{2x^2}{x(x-1)}=2,$$

$$b=\lim_{x\to\infty}[f(x)-kx]=\lim_{x\to\infty}\left(\frac{2x^2}{x-1}-2x\right)=\lim_{x\to\infty}\frac{2x}{x-1}=2,$$

故得曲线的渐近线方程为 $y=2x+2$.

2. 铅直渐近线

定义 3.6.5　若当 $x\to C$ 时（有时仅当 $x\to C^+$ 或 $x\to C^-$），

笔记

$f(x)\to\infty$，则称直线 $x=C$ 为曲线 $y=f(x)$ 的铅直渐近线(也叫垂直渐近线)(其中 C 为常数).

例 3.6.8 求曲线 $y=\dfrac{1}{x-2}$ 的铅直渐近线.

解 因为 $\lim\limits_{x\to 2}\dfrac{1}{x-2}=\infty$，故得曲线的铅直渐近线方程为 $x=2$.

3. 水平渐近线

定义 3.6.6 若当 $x\to\infty$ 时(有时仅当 $x\to+\infty$ 或 $x\to-\infty$)，$f(x)\to C$，则称曲线 $y=f(x)$ 有水平渐近线 $y=C$.

例 3.6.9 求曲线 $y=\dfrac{1}{x-1}$ 的水平渐近线.

解 因为 $\lim\limits_{x\to\infty}\dfrac{1}{x-1}=0$，故得曲线的水平渐近线方程为 $y=0$.

3.6.7 函数作图的一般步骤

根据前面所学的知识，可以利用导数按下列步骤作出函数 $y=f(x)$ 的图形.

(1) 确定函数的定义域.

(2) 考察函数的周期性与奇偶性.

(3) 确定函数的单调区间、极值点、凹凸性及拐点.

(4) 考察函数渐近线.

(5) 考察函数与坐标轴的交点.

(6) 根据上述几方面的讨论画出函数的图像.

例 3.6.10 描绘函数 $f(x)=\dfrac{\ln x}{\sqrt{x}}$ 的图像.

解 (1) 求出函数的定义域为 $(0,+\infty)$.

(2) 求出函数的渐近线：因为 $\lim\limits_{x\to 0}f(x)=\infty$，所以 $x=0$ 为铅直渐近线；又因为 $\lim\limits_{x\to+\infty}\dfrac{\ln x}{\sqrt{x}}=0$，所以 $y=0$ 为水平渐近线.

(3) 因为 $f'(x)=\dfrac{2-\ln x}{2x^{\frac{3}{2}}}$，$f''(x)=\dfrac{3\ln x-8}{4x^{\frac{5}{2}}}$，令 $f'(x)=0$，得 $x=e^2\approx 7.389$；令 $f''(x)=0$，得 $x=e^{\frac{8}{3}}\approx 14.39$.

(4) 列表讨论如下.

笔记

x	$(0, e^2)$	e^2	$(e^2, e^{\frac{8}{3}})$	$e^{\frac{8}{3}}$	$(e^{\frac{8}{3}}, +\infty)$
y'	$+$	0	$-$	$-$	$-$
y''	$-$	$-$	$-$	0	$+$
y	单调增加，凸	极大值 $\frac{2}{e}$	单调减少，凸	拐点 $\left(e^{\frac{8}{3}}, \frac{8}{3}e^{-\frac{4}{3}}\right)$	单调减少，凹

(5) 令 $\frac{\ln x}{\sqrt{x}}=0$，得 $x=1$ 为曲线与 x 轴交点的横坐标.

(6) 根据上述讨论画出函数的图像(图像略).

3.6.8　应用拓展

例 3.6.11　血液从心脏流出，经主动脉后流到毛细血管，再经过静脉流回心脏. 医生建立了某病人在心脏收缩的一个周期内血压 P 的数学模型 $P(t)=\frac{25t^2+123}{t^2+1}$，其中 $t=0$ 表示血液从心脏流出的时刻. 问在心脏收缩的一个周期内，血压是单调增加的还是单调减少的?

解　因为　$P(t)=\frac{25t^2+123}{t^2+1}$，

所以

$$P'(t)=\left(\frac{25t^2+123}{t^2+1}\right)'$$

$$=\frac{(25t^2+123)'\cdot(t^2+1)-(25t^2+123)\cdot(t^2+1)'}{(t^2+1)^2}$$

$$=-\frac{196t}{(t^2+1)^2}.$$

因为 $t>0$，所以 $P'(t)=-\frac{196t}{(t^2+1)^2}<0$，因此在心脏收缩的一个周期内，血压是单调减少的.

例 3.6.12　要设计一个容积为 500 ml 的圆柱形易拉罐，设容器壁的厚度是均匀的，问其底面半径和高之比为多少时容器所耗费的材料最少?

解　设其底面半径为 r，高为 h，其表面积为

$$S=2\pi rh+2\pi r^2.$$

该问题即是求表面积 S 最小时，底面半径 r 与高 h 的关系.

笔记

由于该圆形易拉罐的容积为

$$V=\pi r^2 h=500(\text{ml}),$$

得
$$h=\frac{500}{\pi r^2}.$$

代入 $S=2\pi rh+2\pi r^2$，则此时的表面积为

$$S=\frac{1\,000}{r}+2\pi r^2,$$

求导，得

$$S'=-\frac{1\,000}{r^2}+4\pi r.$$

令 $S'=-\dfrac{1\,000}{r^2}+4\pi r=0$，得驻点 $r=\left(\dfrac{250}{\pi}\right)^{\frac{1}{3}}$.

又因为 $S''=\dfrac{2\,000}{r^3}+4\pi$，$S''\left[\left(\dfrac{250}{\pi}\right)^{\frac{1}{3}}\right]>0$，则 $r=\left(\dfrac{250}{\pi}\right)^{\frac{1}{3}}$ 为函数的最小值点，将 $r=\left(\dfrac{250}{\pi}\right)^{\frac{1}{3}}$ 代入 $V=\pi r^2 h=500$，得 $h=\left(\dfrac{2\,000}{\pi}\right)^{\frac{1}{3}}$，即 $\dfrac{r}{h}=\dfrac{1}{2}$ 时用料最少.

能力训练 3.6

1. 判定函数 $f(x)=\arcsin x$ 在其定义域$[-1, 1]$上的单调性.

2. 讨论下列函数的单调区间.

(1) $f(x)=x^2-2x+3$;

(2) $f(x)=-x^3+3x^2+7$.

3. 若函数 $f(x)=\dfrac{1}{3}x^3-\dfrac{1}{2}ax^2+bx+1$ 在区间$(1, 4)$内单调减少，在区间$(-\infty, 1)$，$(4, +\infty)$上单调增加，试求实数 a，b 的值.

4. 求下列函数的极值.

(1) $f(x)=x^3-3x^2+7$;

(2) $f(x)=x-\ln(1+x)$.

5. 求下列函数在给定区域上的最大值和最小值.

(1) $f(x)=x+2\sqrt{x}$，$x\in[0, 4]$;

(2) $f(x)=x^3-3x^2$，$x\in[-2, 2]$.

文本：能力训练 3.6
参考答案

6. 设某商品在销售单价为 P 时，每天的销售量是 $x=18-\frac{P}{4}$. 某工厂生产该商品的成本函数是 $f(x)=120+x^2$. 试问该工厂每天产量为多少时，可使利润最大？这时商品价格和利润分别是多少？

7. 求函数 $y=x-x^{\frac{5}{3}}$ 的凹凸性及拐点.

8. 求曲线 $y=\frac{3x^2}{x^2-1}$ 的渐近线.

9. 作出函数 $y=2x^3-6x^2+6$ 的图像.

习题三

1. 设 $f(x)$ 为可导函数，求 $\lim\limits_{x\to 0}\frac{f(1)-f(1-x)}{2x}$.

2. 利用导数的基本公式 $(x^{\mu})'=\mu x^{\mu-1}$，求下列函数的导数.

(1) $y=\sqrt{x\sqrt{x}}$；　　(2) $y=x^{-\frac{1}{4}}$；

(3) $y=\sqrt[3]{x^5}$；　　(4) $y=\frac{\sqrt[4]{x^3}}{\sqrt{x}}$.

3. 求曲线 $y=\cos x$ 上的点 $\left(\frac{\pi}{3},\ \frac{1}{2}\right)$ 处的切线方程和法线方程.

4. 问曲线 $y=x^2-1$ 上哪一点处的切线平行于直线 $y=12x-1$?

5. 求下列函数的导数.

(1) $y=x^3+2x^2-1$；　　(2) $y=\frac{\ln x}{x}$；

(3) $y=(x+1)(\sqrt{x}-1)$；　　(4) $y=x^{e}+e^{x}+\tan x$；

(5) $y=\frac{x}{e^x}$；　　(6) $y=\pi-\frac{1}{x^2}$.

6. 求下列函数的导数.

(1) $y=(2x+3)^3$；　　(2) $y=e^{x+1}$；

(3) $y=\sin\sqrt{x}$；　　(4) $y=x e^{-x}$；

(5) $y=\sqrt{1+x^2}$；　　(6) $y=\arccos\frac{1}{x}$.

7. 求下列函数在指定点处的导数.

(1) $f(x)=\sin x+\ln x$,求 $f'\left(\frac{\pi}{2}\right)$, $f'(\pi)$;

(2) $f(x)=x^2\sin x$,求 $f'(0)$, $f'\left(\frac{\pi}{2}\right)$.

8. 求由下列方程所确定的隐函数的导数$\frac{dy}{dx}$.

(1) $y\sin x-xy=0$; (2) $e^y+xy=e$.

9. 用对数求导法求解下列函数的导数.

(1) $y=x^{\frac{1}{x}}$; (2) $y=\sqrt{\frac{x-1}{x+2}}$.

10. 求下列函数的二阶导数.

(1) $y=3x^4-3x^2+x$; (2) $y=\cos(3x+2)$.

11. 求下列函数的 n 阶导数.

(1) $y=xe^x$; (2) $y=\ln x$.

12. 求下列函数的微分.

(1) $y=\arctan\sqrt{x}$; (2) $y=2^{1-x}$;

(3) $y=\sqrt{3x^2-x}$; (4) $y=(e^{-x}+x)^2$;

(5) $y=\cot 3x$; (6) $y=\ln(\sqrt{x}-1)$.

13. 在下列各括号中填入一个函数,使各等式成立.

(1) $3x^2dx=d(\quad)$; (2) $\frac{1}{1+x^2}dx=d(\quad)$;

(3) $2\cos 2x\,dx=d(\quad)$; (4) $\frac{1}{x-1}dx=d(\quad)$;

(5) $\ln x\cdot\frac{1}{x}dx=d(\quad)$; (6) $\sqrt{a+bx}\,dx=d(\quad)$;

(7) $\frac{1}{x^2}dx=d(\quad)$; (8) $2xe^{-2x^2}dx=d(\quad)$.

14. 求下列函数的单调区间.

(1) $f(x)=e^x-x-1$; (2) $y=\frac{1}{3}x^3-\ln x$;

(3) $y=2x^3-2x^2$; (4) $y=\arctan x-x$.

15. 求下列函数的极值.

(1) $y=2x+3\sqrt[3]{x^2}$; (2) $y=\sqrt{2x-x^2}$;

(3) $y=x^3-2x^2+x-1$; (4) $y=3-2(x+1)^{\frac{1}{3}}$.

16. 已知函数 $f(x)=x^3+ax^2+bx+c$，当 $x=-1$ 时，取得极大值 7；当 $x=3$ 时，取得极小值，求 a, b, c.

17. 要造一个长方体无盖蓄水池，其容积为 500 m^3，底面为正方形，设底面与四壁的单位造价相同，求长和高为多少时造价最省？

18. 某厂生产某种产品，其固定成本为 100 元，每多生产一件产品，成本增加 6 元，又知该产品的需求量 y 与售价 x 的关系为 $y=1\,000-100x$，则售价为多少时可使利润最大？最大利润是多少？

19. 某个体户以每条 10 元的价格购进一批牛仔裤，设此牛仔裤的需求量 y 与售价 x 的关系为 $y=40-x$，则该个体户将售价定为每条多少元时，才能获得最大利润？

20. 讨论下列曲线的凹凸性，并求出曲线的拐点.

(1) $y=x\ln x$；　　(2) $y=x^3-5x^2+3x-5$.

文本：习题三参考答案

第 4 章 积分及其应用

笔记

前面我们研究了一元函数微分学的基本问题，即已知一个可导函数 $F(x)$，求它的导数 $F'(x)=f(x)$，此时称 $f(x)$是 $F(x)$的导函数. 但是在实际问题中，常会遇到与此相反的另一类问题：即已知某函数的导函数 $f(x)$，而要去求 $F(x)$，这就引出了原函数与不定积分的问题. 然后我们会从如何求解不规则图形的面积入手，引出定积分的概念. 事实上，处理不均匀量的“求和”问题，都可以利用定积分这个工具，定积分思想是高等数学中非常重要的思想方法，无论是在理论上还是在实际应用上，都有着十分重要的意义.

4.1 不定积分的概念及性质

4.1.1 原函数的概念

先来看两个问题：

1. 已知曲线上任意一点 $M(x, y)$ 处的切线斜率为 $2x$，求此曲线的方程 $y=F(x)$.

根据可导函数的几何意义，得 $k=F'(x)=2x$，这个问题实际上就是在求 $y=F(x)$ 使得 $F'(x)=2x$.

2. 已知某质点以 $v=v(t)$ 的速度作变速直线运动，求该质点的运动方程 $s=s(t)$.

根据可导函数在物理学中求瞬时速率的应用，这个问题实际上就是在求 $s=s(t)$ 使得 $s'(t)=v(t)$.

由上述 2 个例子，可归结为已知某函数的导数(或微分)，求这个函数，即已知 $F'(x)=f(x)$，求 $F(x)$.

定义 4.1.1 设 $f(x)$ 是定义在某区间的已知函数，若存在函数 $F(x)$，使得该区间内每一点都有

$$F'(x)=f(x) \text{ 或 } \mathrm{d}F(x)=f(x)\mathrm{d}x,$$

则称 $F(x)$ 为 $f(x)$ 的一个原函数.

注意：原函数的说明.

(1) 原函数的存在问题：如果 $f(x)$ 在某区间连续，那么它的原

笔记

函数一定存在.

(2) 原函数的一般表达式：若 $f(x)$ 存在原函数，那么其原函数是否是唯一的呢？如果不唯一，这些原函数之间有什么差异？能否写成统一的表达式呢？对此，有如下结论：

定理 4.1.1　若 $F(x)$ 是 $f(x)$ 的一个原函数，则 $F(x)+C$ (C 为任意常数)是 $f(x)$ 的全体原函数.

4.1.2　不定积分的概念

定义 4.1.2　函数 $f(x)$ 的全体原函数 $F(x)+C$ (C 为任意常数)称为 $f(x)$ 的不定积分，记作

$$\int f(x)\mathrm{d}x = F(x)+C\text{，其中 } F'(x)=f(x).$$

其中“$\int$”称为**积分号**，“$f(x)$”称为**被积函数**，“$f(x)\mathrm{d}x$”称为**被积表达式**，“x”称为**积分变量**，“C”称为**积分常数**.

注意： 在求 $\int f(x)\mathrm{d}x$ 时，一定要“$+C$”，因为 $\int f(x)\mathrm{d}x$ 表示的是 $f(x)$ 的**全体原函数**，而不是一个原函数.

例 4.1.1　求下列不定积分.

(1) $\int 2x\,\mathrm{d}x$；　　(2) $\int \sin x\,\mathrm{d}x$；

(3) $\int \frac{1}{\sqrt{1-x^2}}\mathrm{d}x$；　　(4) $\int \frac{1}{x}\mathrm{d}x$.

解　(1) 因为 $(x^2)'=2x$，所以 $\int 2x\,\mathrm{d}x = x^2+C$.

(2) 因为 $(-\cos x)'=\sin x$，所以 $\int \sin x\,\mathrm{d}x = -\cos x + C$.

(3) 因为 $(\arcsin x)' = \frac{1}{\sqrt{1-x^2}}$，所以 $\int \frac{1}{\sqrt{1-x^2}}\mathrm{d}x = \arcsin x + C$.

(4) 由导数公式可得 $(\ln x)'=\frac{1}{x}$，但此时是先有对数函数 $\ln x$，所以自变量 x 的取值范围是 $(0,+\infty)$，而如果对 $\frac{1}{x}$ 积分，此时是先有函数 $\frac{1}{x}$，其自变量的取值范围是 $x\neq 0$，所以直接得到 $\int \frac{1}{x}\mathrm{d}x =$

笔记

$\ln x + C$ 是不正确的,还应该考虑 $x < 0$ 时的情况.

当 $x > 0$ 时,因为 $(\ln x)' = \frac{1}{x}$,所以 $\int \frac{1}{x}dx = \ln x + C$;

当 $x < 0$ 时,因为 $[\ln(-x)]' = \frac{1}{x}$,所以

$$\int \frac{1}{x}dx = \ln(-x) + C.$$

从而得到 $\int \frac{1}{x}dx = \ln|x| + C$.

注意:由不定积分的定义,可以总结出积分运算与微分运算之间的互逆关系,即

(1) $\left[\int f(x)dx\right]' = f(x)$ 或 $d\left[\int f(x)dx\right] = f(x)dx$;

(2) $\int F'(x)dx = F(x) + C$ 或 $\int dF(x) = F(x) + C$.

例 4.1.2 已知曲线上任意一点 $M(x, y)$ 处的切线斜率为 $2x$,且该曲线过点 $(0, 1)$,求此曲线的方程.

解 设该曲线方程为 $y = F(x)$,根据题意,$k_{切} = F'(x) = 2x$.

由例 4.1.1,有

$$y = \int 2x\,dx = x^2 + C,$$

由于该曲线过点 $(0, 1)$,即

$$1 = 0^2 + C,得 C = 1,$$

故该曲线的方程为 $$y = x^2 + 1.$$

4.1.3 基本积分公式

(1) $\int x^\mu dx = \frac{1}{\mu+1}x^{\mu+1} + C \ (\mu \neq -1)$;

(2) $\int a^x dx = \frac{a^x}{\ln a} + C$;

(3) $\int e^x dx = e^x + C$;

(4) $\int \frac{1}{x}dx = \ln|x| + C$;

(5) $\int \sin x\,dx = -\cos x + C$;

笔记

(6) $\int \cos x \, dx = \sin x + C$；

(7) $\int \frac{1}{\cos^2 x} dx = \int \sec^2 x \, dx = \tan x + C$；

(8) $\int \frac{1}{\sin^2 x} dx = \int \csc^2 x \, dx = -\cot x + C$；

(9) $\int \sec x \tan x \, dx = \sec x + C$；

(10) $\int \csc x \cot x \, dx = -\csc x + C$；

(11) $\int \frac{1}{1+x^2} dx = \arctan x + C$；

(12) $\int \frac{1}{\sqrt{1-x^2}} dx = \arcsin x + C$.

4.1.4 不定积分的性质

性质 4.1.1 被积函数中不为零的常数因子可提到积分号外，即

$$\int k f(x) dx = k \int f(x) dx \ (k \neq 0).$$

性质 4.1.2 两个函数代数和的积分，等于各函数积分的代数和，即

$$\int [f(x) \pm g(x)] dx = \int f(x) dx \pm \int g(x) dx.$$

例 4.1.3 求下列不定积分.

(1) $\int (x+1) dx$；　　(2) $\int \left(\sqrt{x} + \frac{2}{x}\right) dx$；

(3) $\int \frac{4}{\sqrt{1-x^2}} dx$.

解 (1) $\int (x+1) dx = \int x \, dx + \int dx = \frac{1}{2} x^2 + x + C$.

(2) $\int \left(\sqrt{x} + \frac{2}{x}\right) dx = \int \sqrt{x} \, dx + \int \frac{2}{x} dx$

$$= \frac{1}{1+\frac{1}{2}} x^{\frac{1}{2}+1} + 2\ln|x| + C$$

笔记

$$=\frac{2}{3}x^{\frac{3}{2}}+2\ln|x|+C.$$

(3) $\int\frac{4}{\sqrt{1-x^2}}\mathrm{d}x=4\arcsin x+C.$

例 4.1.4 求下列不定积分.

(1) $\int\sqrt{x}(x\sqrt{x}+x^2+1)\mathrm{d}x$； (2) $\int\frac{x^2-1}{x^2+1}\mathrm{d}x$；

(3) $\int\cos^2\frac{x}{2}\mathrm{d}x$； (4) $\int\sqrt{x\sqrt{x}}\,\mathrm{d}x$.

解 (1)
$$\begin{aligned}&\int\sqrt{x}(x\sqrt{x}+x^2+1)\mathrm{d}x\\&=\int\left(x^2+x^{\frac{5}{2}}+x^{\frac{1}{2}}\right)\mathrm{d}x\\&=\int x^2\mathrm{d}x+\int x^{\frac{5}{2}}\mathrm{d}x+\int x^{\frac{1}{2}}\mathrm{d}x\\&=\frac{1}{3}x^3+\frac{2}{7}x^{\frac{7}{2}}+\frac{2}{3}x^{\frac{3}{2}}+C.\end{aligned}$$

(2) $\int\frac{x^2-1}{x^2+1}\mathrm{d}x=\int\left(1-\frac{2}{x^2+1}\right)\mathrm{d}x=x-2\arctan x+C.$

(3)
$$\begin{aligned}\int\cos^2\frac{x}{2}\mathrm{d}x&=\int\frac{1+\cos x}{2}\mathrm{d}x=\int\frac{1}{2}\mathrm{d}x+\int\frac{\cos x}{2}\mathrm{d}x\\&=\frac{1}{2}(x+\sin x)+C.\end{aligned}$$

(4) $\int\sqrt{x\sqrt{x}}\,\mathrm{d}x=\int x^{\frac{3}{4}}\mathrm{d}x=\frac{4}{7}x^{\frac{7}{4}}+C.$

注意：在计算不定积分之前，可以先观察被积函数的特点，能够化简的先化简再求不定积分，这样可以简化运算.

能力训练 4.1

1. 写出下列各式的结果.

(1) $\left(\int\sqrt{1+x^2}\,\mathrm{d}x\right)'$； (2) $\int\mathrm{d}(\mathrm{e}^{2x}\sin x^2)$；

(3) $\int[\mathrm{e}^x(\sin x+\cos x)]'\mathrm{d}x$； (4) $\mathrm{d}\left(\int\frac{\mathrm{e}^x}{1+\cos x}\mathrm{d}x\right)$.

2. 求下列不定积分.

(1) $\int 3x\,\mathrm{d}x$； (2) $\int\frac{1}{\sqrt{x}}\mathrm{d}x$；

(3) $\int\left(\sqrt[4]{x}-\frac{1}{\sqrt[3]{x^{2}}}\right)\mathrm{d}x$；　(4) $\int(3^{x}+\mathrm{e}^{x})\mathrm{d}x$；

(5) $\int\left(\frac{3}{x}+x\right)\mathrm{d}x$；　(6) $\int(\sin x+\cos x)\mathrm{d}x$；

(7) $\int-\frac{3}{\sqrt{1-x^{2}}}\mathrm{d}x$；　(8) $\int\frac{\mathrm{e}^{2x}-1}{\mathrm{e}^{x}+1}\mathrm{d}x$；

(9) $\int(\sqrt{x}+1)\left(x-\frac{1}{\sqrt{x}}\right)\mathrm{d}x$；　(10) $\int\frac{x^{2}}{1+x^{2}}\mathrm{d}x$；

(11) $\int\frac{1}{x^{2}(1+x^{2})}\mathrm{d}x$；　(12) $\int\sec x(\sec x-\tan x)\mathrm{d}x$.

3. 设一曲线的任一点切线斜率为该点横坐标的 3 倍，又该曲线过点(2，1)，求该曲线方程.

4. 设 $\mathrm{e}^{x}+\sin x$ 是 $f(x)$的一个原函数，求 $f'(x)$.

5. 已知 $\int f(x)\mathrm{d}x=\mathrm{e}^{-x}-\sqrt{x}+\arctan x+C$，求 $f(x)$.

文本：能力训练 4.1
参考答案

4.2　不定积分的计算

4.2.1　第一类换元积分法(凑微分法)*

由积分的基本公式可知

$$\int x^{6}\mathrm{d}x=\frac{1}{6+1}x^{6+1}+C=\frac{1}{7}x^{7}+C,$$

那么

$$\int(2x+1)^{6}\mathrm{d}x=\frac{1}{7}(2x+1)^{7}+C$$

正确吗？

可以用积分与导数的可逆关系来验证一下：

$$\begin{aligned}\left(\frac{1}{7}(2x+1)^{7}+C\right)'&=7\cdot\frac{1}{7}(2x+1)^{6}\cdot(2x+1)'\\&=2(2x+1)^{6}\neq(2x+1)^{6},\end{aligned}$$

---

* 注：换元积分法分为第一类换元积分法与第二类换元积分法，本书只介绍第一类换元积分法.

笔记

即是说$\int(2x+1)^6\mathrm{d}x\neq\frac{1}{7}(2x+1)^7+C$.

那么类似于这种积分应该怎样计算呢?

定理 4.2.1 如果$\int f(x)\mathrm{d}x=F(x)+C$,则$\int f(u)\mathrm{d}u=F(u)+C$,其中$u=\varphi(x)$是$x$的任意一个可微函数.

一般的计算程序如下.

$$\int f[\varphi(x)]\varphi'(x)\mathrm{d}x \xlongequal{\text{凑微分}} \int f[\varphi(x)]\mathrm{d}\varphi(x) \xlongequal{\text{令 } u=\varphi(x)} \int f(u)\mathrm{d}u$$

$$=F(u)+C \xlongequal{\text{回代}} F[\varphi(x)]+C.$$

例 4.2.1 求下列积分.

(1) $\int(3x-1)^2\mathrm{d}x$;　　(2) $\int\mathrm{e}^{2x}\mathrm{d}x$;

(3) $\int\sin 3x\,\mathrm{d}x$;　　(4) $\int\frac{1}{2x+1}\mathrm{d}x$.

解 (1) **方法一:** $\int(3x-1)^2\mathrm{d}x=\int(9x^2-6x+1)\mathrm{d}x=3x^3-3x^2+x+C$;

方法二:
$$\int(3x-1)^2\mathrm{d}x=\frac{1}{3}\int(3x-1)^2(3x-1)'\mathrm{d}x$$
$$=\frac{1}{3}\int(3x-1)^2\mathrm{d}(3x-1)$$
$$\xlongequal{\text{令 } u=3x-1}\frac{1}{3}\int u^2\mathrm{d}u=\frac{1}{9}u^3+C$$
$$\xlongequal{\text{将 } u=3x-1 \text{ 回代}}\frac{1}{9}(3x-1)^3+C.$$

注意: 若多项式的幂较小时,可以用两种方法求解,但若多项式的幂较高时,就只能用换元积分法.

(2)
$$\int\mathrm{e}^{2x}\mathrm{d}x=\frac{1}{2}\int\mathrm{e}^{2x}(2x)'\mathrm{d}x=\frac{1}{2}\int\mathrm{e}^{2x}\mathrm{d}(2x)$$
$$\xlongequal{\text{令 } u=2x}\frac{1}{2}\int\mathrm{e}^u\mathrm{d}u=\frac{1}{2}\mathrm{e}^u+C$$
$$\xlongequal{\text{将 } u=2x \text{ 回代}}\frac{1}{2}\mathrm{e}^{2x}+C.$$

(3)
$$\int\sin 3x\,\mathrm{d}x=\frac{1}{3}\int\sin 3x(3x)'\mathrm{d}x=\frac{1}{3}\int\sin 3x\,\mathrm{d}(3x)$$

笔记

$$\xlongequal{令 u=3x}\frac{1}{3}\int\sin u\,\mathrm{d}u=-\frac{1}{3}\cos u+C$$

$$\xlongequal{将 u=3x 回代}-\frac{1}{3}\cos 3x+C.$$

(4) $\int\frac{1}{2x+1}\mathrm{d}x=\frac{1}{2}\int\frac{1}{2x+1}\cdot(2x+1)'\mathrm{d}x$

$$=\frac{1}{2}\int\frac{1}{2x+1}\mathrm{d}(2x+1)$$

$$=\frac{1}{2}\ln|2x+1|+C.$$

这种先“凑”微分式，再作变量置换的方法，叫**第一类换元积分法**，也称为凑微分法，当运用比较熟练以后，就可以直接将凑出的部分看作整体，而不必再写出来了.

凑微分法运用时的难点在于原题并未指明应该把哪一部分凑成 $\mathrm{d}\varphi(x)$，这需要解题经验，如果熟记下列微分式，会给解题带来启示.

(1) $\mathrm{d}x=\frac{1}{a}\mathrm{d}(ax+b)$；　(2) $x\,\mathrm{d}x=\frac{1}{2}\mathrm{d}(x^2)$；

(3) $\frac{\mathrm{d}x}{\sqrt{x}}=2\mathrm{d}(\sqrt{x})$；　(4) $\mathrm{e}^x\mathrm{d}x=\mathrm{d}(\mathrm{e}^x)$；

(5) $\frac{1}{x}\mathrm{d}x=\mathrm{d}(\ln|x|)$；　(6) $\sin x\,\mathrm{d}x=-\mathrm{d}(\cos x)$；

(7) $\cos x\,\mathrm{d}x=\mathrm{d}(\sin x)$；　(8) $\sec^2 x\,\mathrm{d}x=\mathrm{d}(\tan x)$；

(9) $\frac{\mathrm{d}x}{\sqrt{1-x^2}}=\mathrm{d}(\arcsin x)$；　(10) $\frac{\mathrm{d}x}{1+x^2}=\mathrm{d}(\arctan x)$.

例 4.2.2　求下列积分.

(1) $\int 2x\sqrt{1+x^2}\,\mathrm{d}x$；　(2) $\int\frac{2x}{1+x^2}\mathrm{d}x$.

解　(1) $\int 2x\sqrt{1+x^2}\,\mathrm{d}x=\int\sqrt{1+x^2}(1+x^2)'\mathrm{d}x$

$$=\int\sqrt{1+x^2}\,\mathrm{d}(1+x^2)$$

$$=\frac{2}{3}(1+x^2)^{\frac{3}{2}}+C.$$

(2) $\int\frac{1}{1+x^2}(x^2+1)'\mathrm{d}x=\int\frac{1}{1+x^2}\mathrm{d}(x^2+1)$

$$=\ln|x^2+1|+C.$$

笔记

例 4.2.3 求下列积分.

(1) $\int \tan x \mathrm{d}x$；　　(2) $\int \frac{\ln^2 x}{x}\mathrm{d}x$.

解 (1) $\int \tan x \mathrm{d}x = \int \frac{\sin x}{\cos x}\mathrm{d}x = -\int \frac{\mathrm{d}(\cos x)}{\cos x}$

$$= -\ln|\cos x| + C.$$

(2) $\int \frac{\ln^2 x}{x}\mathrm{d}x = \int (\ln x)^2 \cdot (\ln x)'\mathrm{d}x = \int (\ln x)^2 \mathrm{d}(\ln x)$

$$= \frac{1}{2+1}(\ln x)^{2+1} + C = \frac{1}{3}\ln^3 x + C.$$

注意：当被积分函数中，$\sin x$ 与 $\cos x$、$\ln x$ 与 $\frac{1}{x}$、$\arcsin x$ 与 $\frac{1}{\sqrt{1-x^2}}$、$\arctan x$ 与 $\frac{1}{1+x^2}$ 成对出现时，一般将其中一个函数写成另一个函数的导数，然后再改写成微分.

4.2.2 分部积分法

观察不定积分 $\int x\cos x^2 \mathrm{d}x$ 与 $\int x\cos x \mathrm{d}x$ 的异同，思考该如何求这两个不定积分？通过前面知识的学习，可以发现

$$\int x\cos x^2 \mathrm{d}x = \frac{1}{2}\int (x^2)'\cos x^2 \mathrm{d}x = \frac{1}{2}\int \cos x^2 \mathrm{d}(x^2)$$

$$= \frac{1}{2}\sin x^2 + C.$$

但是在不定积分 $\int x\cos x \mathrm{d}x$ 中却找不到这样的导数关系，所以第一类换元积分法好像在这里派不上用场，那么这种不定积分该如何解决呢？在这里介绍一种新的求解不定积分的方法——**分部积分法**：

设函数 $u=u(x)$，$v=v(x)$ 具有连续导数，根据乘积微分公式有

$$\mathrm{d}(uv) = u\mathrm{d}v + v\mathrm{d}u,$$

移项，得　$u\mathrm{d}v = \mathrm{d}(uv) - v\mathrm{d}u,$

两边积分得　$\int u\mathrm{d}v = uv - \int v\mathrm{d}u.$

该公式称为分部积分公式，它可以将求 $\int u\mathrm{d}v$ 的积分问题转化为

求 $\int v\mathrm{d}u$ 的积分，当后面这个积分较容易求解时，分部积分法就起到了化难为易的作用.

使用分部积分法的关键是要根据被积分函数的特点将原不定积分进行改写，再用公式解决，即分部积分法的步骤是

$$\text{原不定积分} \rightarrow \int u(x)\cdot v'(x)\mathrm{d}x=\int u(x)\mathrm{d}v(x)=uv-\int v\mathrm{d}u.$$

例 4.2.4　求 $\int x\cos x\mathrm{d}x$.

分析：按照用分部积分法的步骤，先将原不定积分进行改写.

微课：不定积分的分部积分法

方法一：$\int x\cos x\mathrm{d}x=\int\left(\frac{1}{2}x^2\right)'\cdot\cos x\mathrm{d}x=\int\cos x\mathrm{d}\left(\frac{1}{2}x^2\right)$.

方法二：$\int x\cos x\mathrm{d}x=\int x(\sin x)'\mathrm{d}x=\int x\mathrm{d}(\sin x)$.

用哪一种方式改写后才能顺利求出这个不定积分呢？通过简单的演算，可以发现方法一不能求出结果，要用方法二才能顺利解出这个不定积分.

解

$$\begin{aligned}\int x\cos x\mathrm{d}x &\xlongequal{\text{改写}}\int x(\sin x)'\mathrm{d}x=\int x\mathrm{d}(\sin x)\\&\xlongequal{\text{分部积分公式}}x\sin x-\int\sin x\mathrm{d}(x)\\&=x\sin x-\int\sin x\mathrm{d}x=x\sin x+\cos x+C.\end{aligned}$$

例 4.2.5　求 $\int x\mathrm{e}^x\mathrm{d}x$.

解　原不定积分可以改写为

$$\begin{aligned}\int x\mathrm{e}^x\mathrm{d}x&=\int x(\mathrm{e}^x)'\mathrm{d}x=\int x\mathrm{d}(\mathrm{e}^x)=x\mathrm{e}^x-\int\mathrm{e}^x\mathrm{d}x\\&=x\mathrm{e}^x-\mathrm{e}^x+C.\end{aligned}$$

例 4.2.6　求 $\int x^3\ln x\mathrm{d}x$.

解　经过分析发现，原不定积分可以改写为 $\int\left(\frac{1}{4}x^4\right)'\ln x\mathrm{d}x=\int\ln x\mathrm{d}\left(\frac{1}{4}x^4\right)$，所以，

$$\int x^3\ln x\mathrm{d}x\xlongequal{\text{改写}}\int\left(\frac{1}{4}x^4\right)'\ln x\mathrm{d}x=\int\ln x\mathrm{d}\left(\frac{x^4}{4}\right)$$

笔记

$$\xlongequal{\text{分部积分公式}} \frac{x^4}{4}\ln x - \int \frac{x^4}{4}\mathrm{d}(\ln x)$$

$$= \frac{x^4}{4}\ln x - \int \frac{x^4}{4}\cdot\frac{1}{x}\mathrm{d}x = \frac{x^4}{4}\ln x - \frac{x^4}{16} + C.$$

* **例 4.2.7** 求 $\int \mathrm{e}^x \sin x\,\mathrm{d}x$.

解法一 $\int \mathrm{e}^x\sin x\,\mathrm{d}x = \int(\mathrm{e}^x)'\sin x\,\mathrm{d}x = \int \sin x\,\mathrm{d}(\mathrm{e}^x)$

$$= \mathrm{e}^x\sin x - \int \mathrm{e}^x\,\mathrm{d}(\sin x)$$

$$= \mathrm{e}^x\sin x - \int \mathrm{e}^x\cos x\,\mathrm{d}x$$

$$= \mathrm{e}^x\sin x - \int(\mathrm{e}^x)'\cos x\,\mathrm{d}x$$

$$= \mathrm{e}^x\sin x - \int\cos x\,\mathrm{d}(\mathrm{e}^x)$$

$$= \mathrm{e}^x\sin x - \left[\mathrm{e}^x\cos x - \int \mathrm{e}^x\,\mathrm{d}(\cos x)\right]$$

$$= \mathrm{e}^x\sin x - \mathrm{e}^x\cos x - \int \mathrm{e}^x\sin x\,\mathrm{d}x,$$

即 $$\int \mathrm{e}^x\sin x\,\mathrm{d}x = \mathrm{e}^x\sin x - \mathrm{e}^x\cos x - \int \mathrm{e}^x\sin x\,\mathrm{d}x,$$

所以 $$\int \mathrm{e}^x\sin x\,\mathrm{d}x = \frac{1}{2}\mathrm{e}^x(\sin x - \cos x) + C.$$

解法二 $\int \mathrm{e}^x\sin x\,\mathrm{d}x = \int \mathrm{e}^x(-\cos x)'\mathrm{d}x = \int \mathrm{e}^x\,\mathrm{d}(-\cos x)$

$$= \mathrm{e}^x(-\cos x) - \int(-\cos x)\,\mathrm{d}(\mathrm{e}^x)$$

$$= -\mathrm{e}^x\cos x + \int\cos x\,\mathrm{d}(\mathrm{e}^x)$$

$$= -\mathrm{e}^x\cos x + \int(\mathrm{e}^x)'\cos x\,\mathrm{d}x$$

$$= -\mathrm{e}^x\cos x + \int \mathrm{e}^x\cos x\,\mathrm{d}x$$

$$= -\mathrm{e}^x\cos x + \int \mathrm{e}^x(\sin x)'\mathrm{d}x$$

$$= -\mathrm{e}^x\cos x + \int \mathrm{e}^x\,\mathrm{d}(\sin x)$$

$$= -\mathrm{e}^x\cos x + \left[\mathrm{e}^x\sin x - \int\sin x\,\mathrm{d}(\mathrm{e}^x)\right]$$

$$= -e^x\cos x + e^x\sin x - \int e^x\sin x\,dx,$$

笔记

即
$$\int e^x\sin x\,dx = e^x\sin x - e^x\cos x - \int e^x\sin x\,dx,$$

所以
$$\int e^x\sin x\,dx = \frac{1}{2}e^x(\sin x - \cos x) + C.$$

注意：在解这个不定积分的时候，需要连用两次分部积分法，每次使用分部积分法时，要保持将同一函数改写为导数形式，在出现循环现象，即又回到原来的不定积分后，通过移项整理得到原不定积分的结果.

结合上面的几个例题，总结下列几种类型积分，均可以用分部积分法求解，且 u，dv 的设法有规律可循：

(1) $\int x^n e^{ax}dx$，$\int x^n\sin ax\,dx$，$\int x^n\cos ax\,dx$，可设 $u=x^n$.

(2) $\int x^n\ln x\,dx$，$\int x^n\arcsin x\,dx$，$\int x^n\arctan x\,dx$，可设

$$u=\ln x,\ \arcsin x,\ \arctan x.$$

(3) $\int e^{ax}\sin bx\,dx$，$\int e^{ax}\cos bx\,dx$，可设 $u=\sin bx$，$\cos bx$.

能力训练 4.2

1. 填空.

(1) $\int e^{-x}d(-x)=$ ________；　　(2) $\int \sin t\,dt=$ ________；

(3) $\int \frac{1}{u}du=$ ________；　　(4) $\int \frac{1}{\ln x}d(\ln x)=$ ________；

(5) $\int \sqrt{1-x^2}\,d(1-x^2)=$ ________；

(6) $\int \frac{1}{\sqrt{1-(2x)^2}}d(2x)=$ ________；

(7) $\int \frac{1}{1+e^{2x}}d(e^x)=$ ________；

(8) $\int \sin^3 x\,d(\sin x)=$ ________.

2. 用第一类换元积分法求下列积分.

(1) $\int \cos 2x\,dx$；　　(2) $\int 2x e^{x^2}dx$；

(3) $\int (x+1)^{10}\mathrm{d}x$；　　(4) $\int \frac{1}{x^2}\sin\frac{1}{x}\mathrm{d}x$；

(5) $\int \frac{\ln^3 x}{x}\mathrm{d}x$；　　(6) $\int \frac{\mathrm{d}x}{1-2x}$；

(7) $\int x\sqrt{x^2-3}\,\mathrm{d}x$；　　(8) $\int \frac{x^2}{\sqrt{x^3-1}}\mathrm{d}x$；

(9) $\int \frac{1}{a^2-x^2}\mathrm{d}x$；　　(10) $\int \frac{\mathrm{d}x}{x^2+2x-3}$.

3. 用分部积分法求下列定积分.

(1) $\int x\sin x\,\mathrm{d}x$；　　(2) $\int \ln x\,\mathrm{d}x$；

(3) $\int \mathrm{e}^x\cos x\,\mathrm{d}x$；　　(4) $\int \arctan x\,\mathrm{d}x$；

(5) $\int x^2\mathrm{e}^x\,\mathrm{d}x$；　　(6) $\int \ln(x+1)\mathrm{d}x$.

文本：能力训练 4.2 参考答案

4.3 定积分的概念及性质

4.3.1 定积分的实例

动画：曲边梯形

1. 曲边梯形的面积

曲边梯形：若图形的三条边是直线段，其中有两条边垂直于第三条底边，而第四条边是曲线，这样的图形称为曲边梯形，如图 4-3-1 所示. 即曲边梯形是指由连续曲线 $y=f(x)$ 和三条直线 $x=a$，$x=b$，x 轴所围成的图形.

动画：求曲边梯形的面积

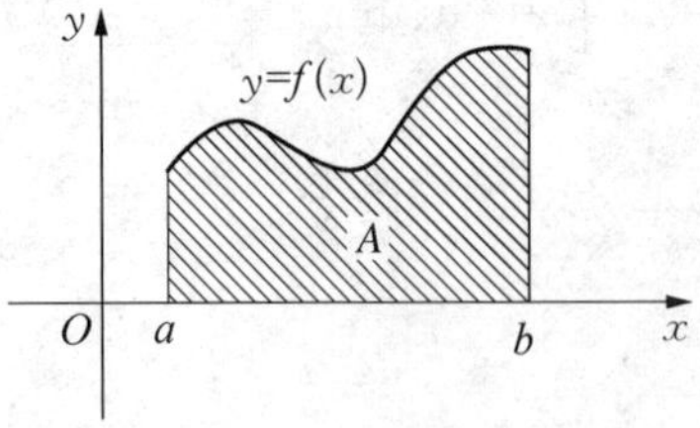

图 4-3-1

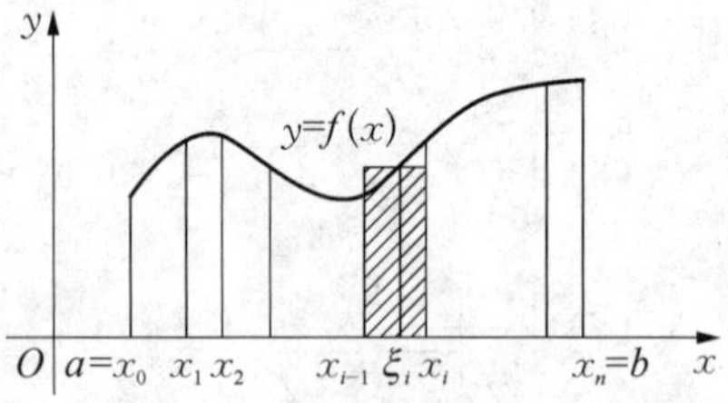

图 4-3-2

曲边梯形面积的确定方法：把该曲边梯形沿着 x 轴方向切割成若干小曲边梯形，再将每个小曲边梯形近似看作一个小矩形，用长乘以宽求得小矩形面积，再将这些小矩形的面积加起来，就是曲边梯形面积的近似值，分割越细，误差越小. 于是当所有的小曲边梯形宽度趋近于零时，这个图形面积的极限就成为曲边梯形面积的精确值，如图 4-3-2 所示.

笔记

曲边梯形面积的确定步骤如下：

(1) 分割

任取分割点 $a=x_0<x_1<x_2<\cdots<x_{n-1}<x_n=b$，把底边 $[a,b]$ 分成 n 个小区间 $[x_{i-1},x_i]$ $(i=1,2,\cdots,n)$. 每个小区间长度记作 $\Delta x_i=x_i-x_{i-1}$ $(i=1,2,\cdots,n)$.

(2) 取近似

在每个小区间 $[x_{i-1},x_i]$ $(i=1,2,\cdots,n)$ 上任取一点 ξ_i，将其对应的函数值 $f(\xi_i)$ 作为每个小矩形的长，则得小矩形的面积 ΔA_i 的近似值为

$$\Delta A_i\approx f(\xi_i)\Delta x_i\,(i=1,2,\cdots,n).$$

(3) 求和

把 n 个小矩形面积相加就得到曲边梯形面积 A 的近似值

$$f(\xi_1)\Delta x_1+f(\xi_2)\Delta x_2+\cdots+f(\xi_n)\Delta x_n=\sum_{i=1}^{n}f(\xi_i)\Delta x_i.$$

(4) 取极限

令小区间长度的最大值 $\lambda=\max\limits_{1\leqslant i\leqslant n}\{\Delta x_i\}$ 趋近于零，则和式 $\sum\limits_{i=1}^{n}f(\xi_i)\Delta x_i$ 的极限就是曲边梯形面积 A 的精确值，即

$$A=\lim_{\lambda\to 0}\sum_{i=1}^{n}f(\xi_i)\Delta x_i.$$

2. 变速直线运动的路程

设某物体作变速直线运动，已知速度 $v=v(t)$ 是时间间隔 $[T_1,T_2]$ 上的连续函数，且 $v(t)\geqslant 0$，现计算这段时间内所走的路程.

解决这个问题的思路和步骤与上一个问题类似.

(1) 分割

任取分割点 $T_1=t_0<t_1<t_2<\cdots<t_{n-1}<t_n=T_2$，把 $[T_1,T_2]$ 分成 n 个小段，每小段长为

$$\Delta t_i=t_i-t_{i-1}\,(i=1,2,\cdots,n).$$

(2) 取近似

把每小段时间 $[t_{i-1},t_i]$ 上的运动视为匀速直线运动，任取时刻 $\xi_i\in[t_{i-1},t_i]$，显然这小段时间所走路程 Δs_i 可近似表示为

$$\Delta s_i\approx v(\xi_i)\Delta t_i\,(i=1,2,\cdots,n).$$

(3) 求和

把 n 个小段时间上的路程相加，就得到总路程 s 的近似值，即

$$s \approx \sum_{i=1}^{n} v(\xi_i)\Delta t_i.$$

(4) 取极限

当 $\lambda = \max\limits_{1 \leqslant i \leqslant n}\{\Delta t_i\} \to 0$ 时，上述总和的极限就是 s 的精确值，即

$$s = \lim_{\lambda \to 0} \sum_{i=1}^{n} v(\xi_i)\Delta t_i.$$

微课：定积分的定义

笔记

4.3.2 定积分的概念

定义 4.3.1 设函数 $y = f(x)$ 在 $[a, b]$ 上有定义，任取分割点

$$a = x_0 < x_1 < x_2 < x_3 < \cdots < x_{n-1} < x_n = b,$$

把 $[a, b]$ 分为 n 个小区间 $[x_{i-1}, x_i]$ $(i = 1, 2, \cdots, n)$，记

$$\Delta x_i = x_i - x_{i-1} (i = 1, 2, \cdots, n), \lambda = \max_{1 \leqslant i \leqslant n}\{\Delta x_i\},$$

再在每个小区间 $[x_{i-1}, x_i]$ 上任取一点 ξ_i，作乘积 $f(\xi_i)\Delta x_i$ 的和式，记作

$$\sum_{i=1}^{n} f(\xi_i)\Delta x_i.$$

如果当 $\lambda \to 0$ 时，上述和式的极限存在(即这个极限值与 $[a, b]$ 的分割及点 ξ_i 的取法均无关)，则称此极限值为函数 $f(x)$ 在区间 $[a, b]$ 上的定积分，记作

$$\int_a^b f(x)\mathrm{d}x = \lim_{\lambda \to 0} \sum_{i=1}^{n} f(\xi_i)\Delta x_i.$$

其中 $f(x)$ 称为**被积函数**，$f(x)\mathrm{d}x$ 称为**被积式**，x 称为**积分变量**，$[a, b]$ 称为**积分区间**，a，b 分别称为**积分下限和上限**.

注意：(1) 定积分表示一个数，它只取决于被积函数与积分上、下限，而与积分变量采用什么字母无关，如 $\int_0^1 x^2 \mathrm{d}x = \int_0^1 t^2 \mathrm{d}t$. 一般地，$\int_a^b f(x)\mathrm{d}x = \int_a^b f(t)\mathrm{d}t$.

(2) 定义中要求积分限 $a < b$，补充如下规定：

当 $a = b$ 时，$\int_a^b f(x)\mathrm{d}x = 0$；

当 $a > b$ 时，$\int_a^b f(x)\mathrm{d}x = -\int_b^a f(x)\mathrm{d}x$.

(3) 定积分的存在性：当 $f(x)$ 在 $[a, b]$ 上连续或只有有限个第一类间断点时，$f(x)$ 在 $[a, b]$ 上的定积分存在(也称可积).

4.3.3　定积分的几何意义

动画：定积分的几何意义

1. 如果 $f(x) > 0$，则 $\int_a^b f(x)\mathrm{d}x \geqslant 0$，此时 $\int_a^b f(x)\mathrm{d}x$ 表示由曲线 $y = f(x)$，直线 $x = a$，$x = b$ 以及 x 轴所围成的曲边梯形的面积 A，即 $\int_a^b f(x)\mathrm{d}x = A$.

2. 如果 $f(x) \leqslant 0$，则 $\int_a^b f(x)\mathrm{d}x \leqslant 0$，此时 $\int_a^b f(x)\mathrm{d}x$ 表示由曲线 $y = f(x)$，直线 $x = a$，$x = b$ 以及 x 轴所成的曲边梯形的面积 A 的负值，如图 4-3-3 所示，即 $\int_a^b f(x)\mathrm{d}x = -A$.

笔记

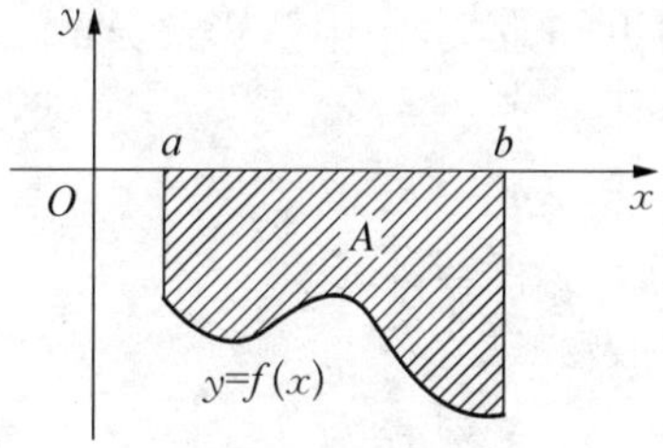

图 4-3-3

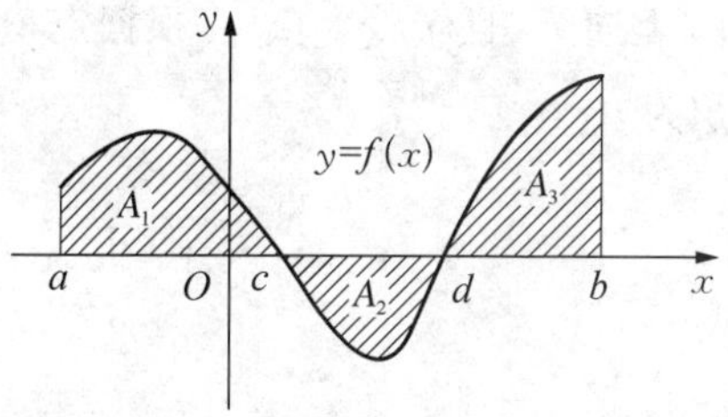

图 4-3-4

3. 如果 $f(x)$ 在 $[a, b]$ 上有正有负时，则 $\int_a^b f(x)\mathrm{d}x$ 表示由曲线 $y = f(x)$，直线 $x = a$，$x = b$ 以及 x 轴所围成的平面图形中，位于 x 轴上方部分的面积减去位于 x 轴下方部分的面积，如图 4-3-4 所示，即 $\int_a^b f(x)\mathrm{d}x = A_1 - A_2 + A_3$.

例 4.3.1　用定积分表示图 4-3-5 中各阴影部分的面积，并根据定积分的几何意义求出定积分的值.

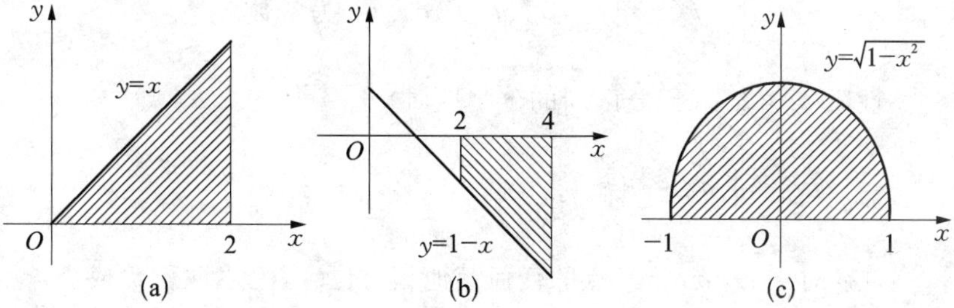

图 4-3-5

笔记

解 (1) 在图 4-3-5a 中，被积函数 $f(x)=x$ 在区间 $[0,2]$ 上连续，且 $f(x)>0$，根据定积分的几何意义，图中阴影部分的面积为

$$A=\int_0^2 x\,\mathrm{d}x=\frac{1}{2}\times 2\times 2=2,$$

所以
$$\int_0^2 x\,\mathrm{d}x=2.$$

(2) 在图 4-3-5b 中，被积函数 $f(x)=1-x$ 在区间 $[2,4]$ 上连续，且 $f(x)<0$，根据定积分的几何意义，图中阴影部分的面积为

$$A=-\int_2^4(1-x)\,\mathrm{d}x=\frac{1}{2}\times(1+3)\times 2=4,$$

所以
$$\int_2^4(1-x)\,\mathrm{d}x=-4.$$

(3) 在图 4-3-5c 中，被积函数 $f(x)=\sqrt{1-x^2}$ 在区间 $[-1,1]$ 上连续，且 $f(x)\geqslant 0$，根据定积分的几何意义，图中阴影部分的面积为

$$A=\int_{-1}^1\sqrt{1-x^2}\,\mathrm{d}x=\frac{1}{2}\pi\times 1^2=\frac{\pi}{2},$$

所以
$$\int_{-1}^1\sqrt{1-x^2}\,\mathrm{d}x=\frac{\pi}{2}.$$

4.3.4 定积分的性质

性质 4.3.1 函数的代数和可逐项积分，即

$$\int_a^b[f(x)\pm g(x)]\,\mathrm{d}x=\int_a^b f(x)\,\mathrm{d}x\pm\int_a^b g(x)\,\mathrm{d}x.$$

性质 4.3.2 被积函数的常数因子可提到积分号外面，即

$$\int_a^b kf(x)\,\mathrm{d}x=k\int_a^b f(x)\,\mathrm{d}x\ (k\text{ 为常数}).$$

动画：定积分的性质

性质 4.3.3 （积分区间的分割性质）若 $a<c<b$，则

$$\int_a^b f(x)\,\mathrm{d}x=\int_a^c f(x)\,\mathrm{d}x+\int_c^b f(x)\,\mathrm{d}x.$$

注：对于 a，b，c 三点的任何其他相对位置，上述性质仍成立，譬如：$a<b<c$，则有

$$\int_a^c f(x)\mathrm{d}x=\int_a^b f(x)\mathrm{d}x+\int_b^c f(x)\mathrm{d}x=\int_a^b f(x)\mathrm{d}x-\int_c^b f(x)\mathrm{d}x.$$

性质 4.3.4 （积分中值定理）如果 $f(x)$ 在区间 $[a, b]$ 上连续，则至少存在一点 $\xi\in[a, b]$，使得

$$\int_a^b f(x)\mathrm{d}x=f(\xi)(b-a).$$

积分中值定理的几何意义为：曲线 $y=f(x)$ 在 $[a, b]$ 上与 $x=a$、$x=b$ 及 x 轴所围成的曲边梯形面积，等于同一底边而高为 $f(\xi)$ 的一个矩形面积，如图 4-3-6 所示.

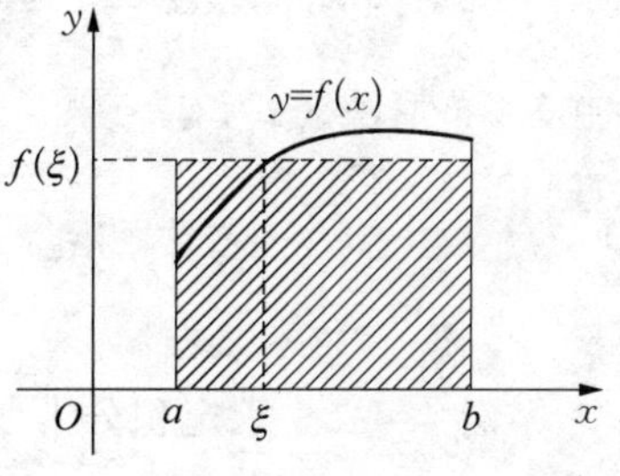

图 4-3-6

能力训练 4.3

1. 把在区间[1, 2]上和式的极限 $\lim\limits_{\lambda\to 0}\sum\limits_{i=1}^{n}\dfrac{1}{\zeta_i}\Delta x_i$ 用定积分的记号表示.

2. 如何表达定积分的几何意义？根据定积分的几何意义推证下列积分的值.

(1) $\int_{-1}^{1} x\,\mathrm{d}x$；　　(2) $\int_{-2}^{2}\sqrt{4-x^2}\,\mathrm{d}x$；

(3) $\int_{1}^{3}(x+1)\mathrm{d}x$；　　(4) $\int_{-2}^{2}|x|\,\mathrm{d}x$.

3. 若当 $a\leqslant x\leqslant b$，有 $f(x)\leqslant g(x)$，问下面两个式子是否成立，为什么？

(1) $\int_a^b f(x)\mathrm{d}x\leqslant\int_a^b g(x)\mathrm{d}x$；　(2) $\int f(x)\mathrm{d}x\leqslant\int_a^b g(x)\mathrm{d}x$.

文本：能力训练 4.3 参考答案

4.4　定积分的计算

4.4.1　牛顿-莱布尼茨公式

定理 4.4.1　设函数 $f(x)$ 在闭区间 $[a, b]$ 上连续，且 $F(x)$ 是 $f(x)$ 的任意一个原函数，则有

$$\int_a^b f(x)\mathrm{d}x=F(b)-F(a),$$

上式称为牛顿(Newton)-莱布尼茨(Leibniz)公式，也叫微积分基本公式. 上述公式也可以写成

笔记

$$\int_a^b f(x)\mathrm{d}x = F(x)\Big|_a^b \text{ 或} \int_a^b f(x)\mathrm{d}x = [F(x)]_a^b.$$

例 4.4.1 求定积分 $\int_0^1 2x\,\mathrm{d}x$.

解 因为 $\int 2x\,\mathrm{d}x = x^2 + C$，所以 x^2 是 $2x$ 的一个原函数，由牛顿-莱布尼茨公式，有

$$\int_0^1 2x\,\mathrm{d}x = x^2\Big|_0^1 = 1 - 0 = 1.$$

例 4.4.2 求定积分 $\int_{-1}^1 \frac{1}{1+x^2}\mathrm{d}x$.

解 因为 $\int \frac{1}{1+x^2}\mathrm{d}x = \arctan x + C$，所以 $\arctan x$ 是 $\frac{1}{1+x^2}$ 的一个原函数，由牛顿-莱布尼茨公式，有

$$\begin{aligned}\int_{-1}^1 \frac{1}{1+x^2}\mathrm{d}x &= \arctan x\Big|_{-1}^1 = \arctan 1 - \arctan(-1)\\ &= \frac{\pi}{4} - \left(-\frac{\pi}{4}\right) = \frac{\pi}{2}.\end{aligned}$$

4.4.2 定积分的直接积分法

例 4.4.3 求定积分 $\int_0^2 (x^2 - \mathrm{e}^x + 1)\mathrm{d}x$.

解

$$\begin{aligned}\int_0^2 (x^2 - \mathrm{e}^x + 1)\mathrm{d}x &= \int_0^2 x^2\mathrm{d}x - \int_0^2 \mathrm{e}^x\mathrm{d}x + \int_0^2 \mathrm{d}x\\ &= \frac{1}{3}x^3\Big|_0^2 - \mathrm{e}^x\Big|_0^2 + x\Big|_0^2\\ &= \frac{1}{3}(2^3 - 0) - (\mathrm{e}^2 - \mathrm{e}^0) + (2 - 0)\\ &= \frac{17}{3} - \mathrm{e}^2.\end{aligned}$$

例 4.4.4 求定积分 $\int_0^2 |x-1|\mathrm{d}x$.

解 在这里，被积函数是分段函数，不能对被积函数 $|x-1|$ 直接积分，应该首先去掉绝对值符号.

$$|x-1| = \begin{cases}1-x, & 0 \leqslant x \leqslant 1,\\ x-1, & 1 < x \leqslant 2,\end{cases}$$

笔记

由积分区间的分割性质，得

$$\int_0^2 |x-1|\,dx = \int_0^1 (1-x)\,dx + \int_1^2 (x-1)\,dx$$

$$= \left(x - \frac{1}{2}x^2\right)\Big|_0^1 + \left(\frac{1}{2}x^2 - x\right)\Big|_1^2$$

$$= \left(1 - \frac{1}{2}\right) + \left[(2-2) - \left(\frac{1}{2} - 1\right)\right] = 1.$$

例 4.4.5　求定积分 $\int_0^{\pi} |\cos x|\,dx$.

解　因为 $|\cos x| = \begin{cases} \cos x, & 0 \leqslant x \leqslant \dfrac{\pi}{2}, \\ -\cos x, & \dfrac{\pi}{2} < x \leqslant \pi, \end{cases}$ 所以利用积分区间的分割性质，得到

$$\int_0^{\pi} |\cos x|\,dx = \int_0^{\frac{\pi}{2}} |\cos x|\,dx + \int_{\frac{\pi}{2}}^{\pi} |\cos x|\,dx$$

$$= \int_0^{\frac{\pi}{2}} \cos x\,dx + \int_{\frac{\pi}{2}}^{\pi} (-\cos x)\,dx$$

$$= \sin x\Big|_0^{\frac{\pi}{2}} - \sin x\Big|_{\frac{\pi}{2}}^{\pi}$$

$$= \left(\sin\frac{\pi}{2} - \sin 0\right) - \left(\sin \pi - \sin\frac{\pi}{2}\right) = 2.$$

4.4.3　定积分的换元积分法

例 4.4.6　求定积分 $\int_0^{\frac{\pi}{4}} \cos 2x\,dx$.

解　$$\int_0^{\frac{\pi}{4}} \cos 2x\,dx = \frac{1}{2}\int_0^{\frac{\pi}{4}} \cos 2x\,d(2x) = \frac{1}{2}\sin 2x\Big|_0^{\frac{\pi}{4}}$$

$$= \frac{1}{2}\sin\frac{\pi}{2} - 0 = \frac{1}{2}.$$

定理 4.4.2　设 $f(x)$ 在区间 $[a, b]$ 上连续，而 $x = \varphi(x)$ 满足下列条件：

(1) $x = \varphi(t)$ 在区间 $[\alpha, \beta]$ 上有连续导数.

(2) $\varphi(\alpha) = a$，$\varphi(\beta) = b$，且当 t 在 $[\alpha, \beta]$ 上变化时，$x = \varphi(t)$ 的值在 $[a, b]$ 上变化，则有换元公式：

笔记

$$\int_a^b f(x)\mathrm{d}x=\int_\alpha^\beta f[\varphi(t)]\varphi'(t)\mathrm{d}t.$$

以上为定积分的换元积分法，上述条件是为了保证两端的被积函数在相应区间上连续，从而可积. 应用中，需要强调指出的是：换元必须换限，(原)上限对(新)上限，(原)下限对(新)下限.

例 4.4.7 设 $f(x)$ 在对称区间 $[-a,a]$ 上连续，试证明

$$\int_{-a}^a f(x)\mathrm{d}x=\begin{cases}2\int_0^a f(x)\mathrm{d}x，当 f(x) 为偶函数时，\\ 0，当 f(x) 为奇函数时.\end{cases}$$

证明 因为 $\int_{-a}^a f(x)\mathrm{d}x=\int_{-a}^0 f(x)\mathrm{d}x+\int_0^a f(x)\mathrm{d}x$，所以对积分

$$\int_{-a}^0 f(x)\mathrm{d}x$$

作变量代换，令 $x=-t$，由定积分的第一类换元积分法，得

$$\int_{-a}^0 f(x)\mathrm{d}x=-\int_a^0 f(-t)\mathrm{d}t=\int_0^a f(-t)\mathrm{d}t=\int_0^a f(-x)\mathrm{d}x,$$

于是

$$\begin{aligned}\int_{-a}^a f(x)\mathrm{d}x&=\int_0^a f(-x)\mathrm{d}x+\int_0^a f(x)\mathrm{d}x\\&=\int_0^a[f(-x)+f(x)]\mathrm{d}x.\end{aligned}$$

(1) 若 $f(x)$ 为偶函数，即 $f(-x)=f(x)$，由上式得 $\int_{-a}^a f(x)\mathrm{d}x=2\int_0^a f(x)\mathrm{d}x$，如图 4-4-1a 所示；

(2) 若 $f(x)$ 为奇函数，即 $f(-x)=-f(x)$，有 $f(-x)+f(x)=0$，则 $\int_{-a}^a f(x)\mathrm{d}x=0$，如图 4-4-1b 所示.

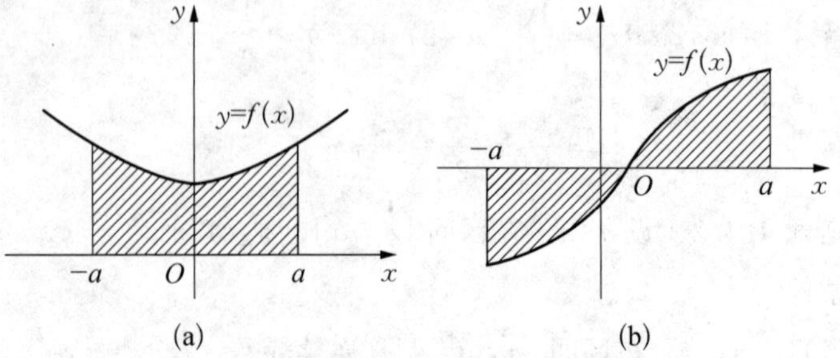

图 4-4-1

注意：例 4.4.7 可以作为一个结论.

笔记

例 4.4.8　计算下列定积分.

(1) $\int_{-3}^{3}\frac{x^{3}}{1+x^{2}}dx$；　　(2) $\int_{-1}^{1}e^{|x|}dx$.

解　(1) 因为被积函数 $f(x)=\frac{x^{3}}{1+x^{2}}$ 是奇函数，且积分区间 $[-3, 3]$ 关于原点对称，所以

$$\int_{-3}^{3}\frac{x^{3}}{1+x^{2}}dx=0.$$

(2) 因为被积函数 $f(x)=e^{|x|}$ 是偶函数，且积分区间 $[-1, 1]$ 关于原点对称，所以

$$\int_{-1}^{1}e^{|x|}dx=2\int_{0}^{1}e^{|x|}dx=2\int_{0}^{1}e^{x}dx=2e^{x}\Big|_{0}^{1}=2(e-1).$$

4.4.4　定积分的分部积分法

例 4.4.9　计算 $\int_{2}^{e}\ln x\,dx$.

解　$\int_{2}^{e}\ln x\,dx=x\ln x\Big|_{2}^{e}-\int_{2}^{e}x\,d(\ln x)=x\ln x\Big|_{2}^{e}-x\Big|_{2}^{e}$

$=e-2\ln 2-e+2=2-2\ln 2.$

例 4.4.10　计算 $\int_{0}^{\frac{\pi}{2}}x\cos 2x\,dx$.

解　
$$\int_{0}^{\frac{\pi}{2}}x\cos 2x\,dx=\frac{1}{2}\int_{0}^{\frac{\pi}{2}}x\,d\sin 2x$$

$$=\frac{1}{2}x\sin 2x\Big|_{0}^{\frac{\pi}{2}}-\frac{1}{2}\int_{0}^{\frac{\pi}{2}}\sin 2x\,dx$$

$$=0+\frac{1}{4}\cos 2x\Big|_{0}^{\frac{\pi}{2}}=-\frac{1}{2}.$$

4.4.5　应用拓展

近日，南京航空航天大学的某食堂，设置了一个名为"Xinyuan Ethnic Restaurant"的 Wi-Fi 热点，但是此 Wi-Fi 热点的密码是一道定积分计算题，题目如下：

$$\int_{-2}^{2}\left(x^{3}\cos\frac{x}{2}+\frac{1}{2}\right)\sqrt{4-x^{2}}\,dx,$$

笔记

密码取前 6 位,现在我们来解开这个密码.

解 由定积分的性质可以把该定积分分成两部分:

$$\int_{-2}^{2}\left(x^{3}\cos\frac{x}{2}+\frac{1}{2}\right)\sqrt{4-x^{2}}\,\mathrm{d}x=\int_{-2}^{2}x^{3}\cos\frac{x}{2}\sqrt{4-x^{2}}\,\mathrm{d}x+\int_{-2}^{2}\frac{1}{2}\sqrt{4-x^{2}}\,\mathrm{d}x,$$

设 $f(x)=x^{3}\cos\frac{x}{2}\sqrt{4-x^{2}}$, $g(x)=\frac{1}{2}\sqrt{4-x^{2}}$,可知 $f(x)$ 为奇函数,$g(x)$ 为偶函数,由例 4.4.7 结论可知该定积分为

$$\begin{aligned}&\int_{-2}^{2}\left(x^{3}\cos\frac{x}{2}+\frac{1}{2}\right)\sqrt{4-x^{2}}\,\mathrm{d}x\\&=\int_{-2}^{2}x^{3}\cos\frac{x}{2}\sqrt{4-x^{2}}\,\mathrm{d}x+\int_{-2}^{2}\frac{1}{2}\sqrt{4-x^{2}}\,\mathrm{d}x\\&=0+2\int_{0}^{2}\frac{1}{2}\sqrt{4-x^{2}}\,\mathrm{d}x\\&=\frac{1}{2}\pi\times 2=\pi.\end{aligned}$$

故 Wi-Fi 密码为:314159.

能力训练 4.4

1. 用牛顿-莱布尼茨公式求解下列定积分.

(1) $\int_{0}^{1}\sqrt{x^{3}}\,\mathrm{d}x$;　　(2) $\int_{1}^{2}3^{x}\,\mathrm{d}x$;

(3) $\int_{0}^{\frac{\pi}{2}}\cos x\,\mathrm{d}x$;　　(4) $\int_{2}^{4}\frac{1}{x}\,\mathrm{d}x$;

(5) $\int_{2}^{3}\frac{1}{x(x+1)}\,\mathrm{d}x$;　　(6) $\int_{-2}^{1}|x+1|\,\mathrm{d}x$.

2. 用换元积分法求解下列定积分.

(1) $\int_{0}^{\frac{\pi}{2}}\cos x\ \sin^{2}x\,\mathrm{d}x$;　　(2) $\int_{0}^{1}\frac{\arctan x}{1+x^{2}}\,\mathrm{d}x$;

(3) $\int_{1}^{2}\frac{1}{3-2x}\,\mathrm{d}x$.

3. 用分部积分法解下列定积分.

(1) $\int_{1}^{2}x\ln x\,\mathrm{d}x$;　　(2) $\int_{0}^{1}x\,\mathrm{e}^{-2x}\,\mathrm{d}x$.

4. 某工厂排出大量废气,造成了严重的空气污染,于是工厂通过

文本:能力训练 4.4
参考答案

笔记

减产来控制废气的排放量. 若第 t 年废气的排放量为 $C(t)=\dfrac{20\ln(t+1)}{(t+1)^2}$, 求 $t=0$ 到 $t=5$ 年间废气的排放总量.

4.5　定积分在几何上的应用

4.5.1　定积分求平面图形的面积

1. 由连续曲线 $y=f(x)$ 与直线 $x=a$, $x=b$, $y=0$ 所围成的平面图形的面积. 根据定积分的几何意义,可得表 4-5-1.

表 4-5-1

情　况	图　形	面积公式
当 $f(x)\geqslant 0$ 时	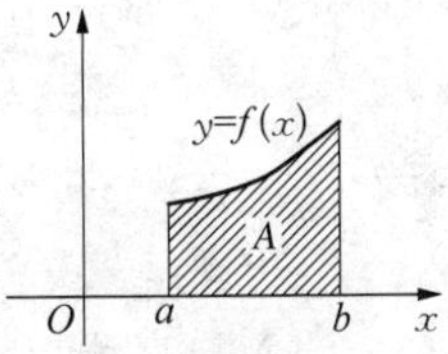	$A=\int_a^b f(x)\mathrm{d}x$
当 $f(x)\leqslant 0$ 时	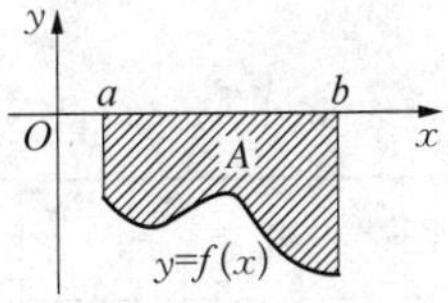	$A=-\int_a^b f(x)\mathrm{d}x$
当 $f(x)$ 在区间 $[a,b]$ 上有正、有负时	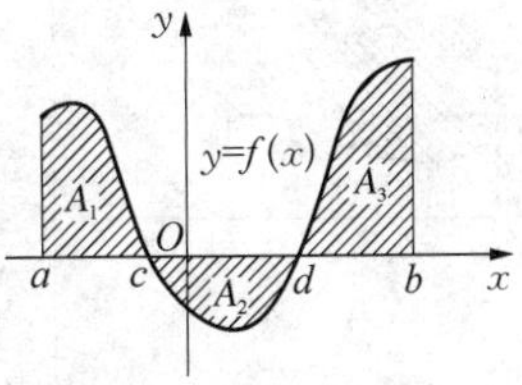	$A=\int_a^c f(x)\mathrm{d}x-\int_c^d f(x)\mathrm{d}x+\int_d^b f(x)\mathrm{d}x$

一般地,由连续曲线 $y=f(x)$ 与直线 $x=a$, $x=b$ 及 x 轴所围成的平面图形的面积公式为

$$A=\int_a^b |f(x)|\mathrm{d}x.$$

注意: 在用定积分计算这类平面图形面积的时候,关键是搞清在哪些区域 $f(x)\geqslant 0$, 哪些区域 $f(x)\leqslant 0$.

例 4.5.1　求抛物线 $y=x^2$ 和直线 $x=-1$, $x=-2$ 及 x 轴所围

笔记

成的平面图形的面积.

解　首先根据题意作出图形，如图 4-5-1 所示，选择 x 作为积分变量，积分区间为 $[-1,\ 2]$，由于函数 $y=x^2$ 在区间 $[-1,\ 2]$ 内的函数值都大于等于 0，故所求图形的面积为

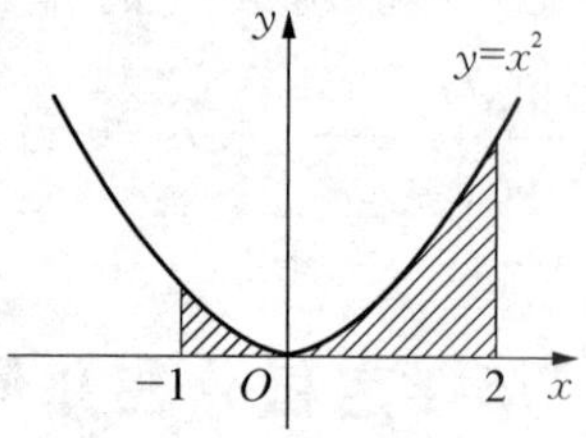

图 4-5-1

$$S=\int_{-1}^{2}x^2\mathrm{d}x=\frac{1}{3}x^3\bigg|_{-1}^{2}=\frac{1}{3}\times 2^3-\frac{1}{3}\times(-1)^3=3.$$

例 4.5.2　求正弦函数 $y=\sin x$ 在 $[0,\ \pi]$ 上与 x 轴围成图形的面积.

解　由正弦函数的图像可以得到在 $[0,\ \pi]$ 上，其所有的函数值都大于等于 0，故所求图形的面积为

$$S=\int_{0}^{\pi}\sin x\,\mathrm{d}x=-\cos x\bigg|_{0}^{\pi}=-\cos\pi-(-\cos 0)=2.$$

2. 由曲线 $y=f(x)$，$y=g(x)$ 与直线 $x=a$，$x=b$ 所围成的平面图形的面积，见表 4-5-2.

表 4-5-2

<table>
<tr><th>情　况</th><th>图　形</th><th>面积公式</th></tr>
<tr><td>当 $f(x)\geqslant g(x)$ $(x\in[a,\ b])$ 时</td><td>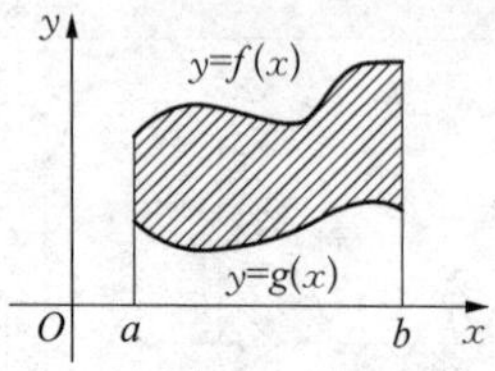

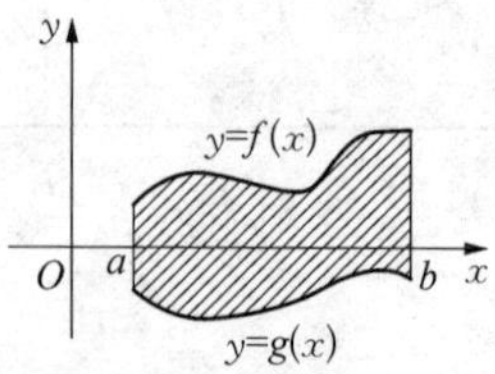
</td><td>$A=\int_{a}^{b}[f(x)-g(x)]\mathrm{d}x$</td></tr>
<tr><td>如果函数 $f(x)$ 与 $g(x)$ 在区间 $[a,\ b]$ 上，有时 $f(x)\geqslant g(x)$，有时 $f(x)\leqslant g(x)$</td><td>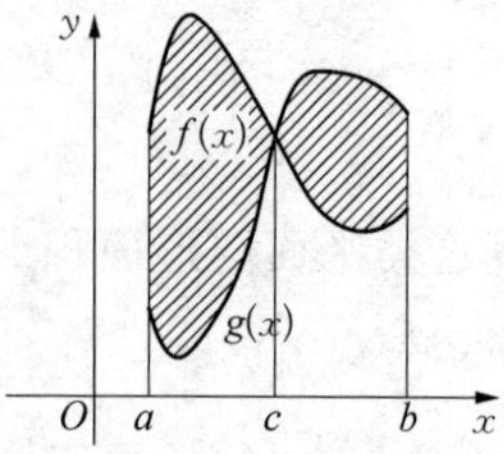
</td><td>$A=\int_{a}^{c}[f(x)-g(x)]\mathrm{d}x-\int_{c}^{b}[f(x)-g(x)]\mathrm{d}x$</td></tr>
</table>

笔记

一般地，由曲线 $y=f(x)$，$y=g(x)$ 与直线 $x=a$，$x=b$ 所围成的平面图形的面积公式为

$$A=\int_a^b |f(x)-g(x)|\,\mathrm{d}x.$$

注意：在用定积分计算这类平面图形的面积时，关键是搞清在哪些区域 $f(x)\geqslant g(x)$，哪些区域 $f(x)\leqslant g(x)$.

3. 由曲线 $x=\varphi(y)$ 与直线 $y=c$，$y=d$，$x=0$ 所围成的平面图形的面积.

这里仅讨论 $\varphi(y)\geqslant 0$（如图 4-5-2 所示）的情况，其余情况与表 4-5-1 中的情况相仿，可类似得到. 将 y 作为积分变量，其面积为

$$A=\int_c^d \varphi(y)\mathrm{d}y.$$

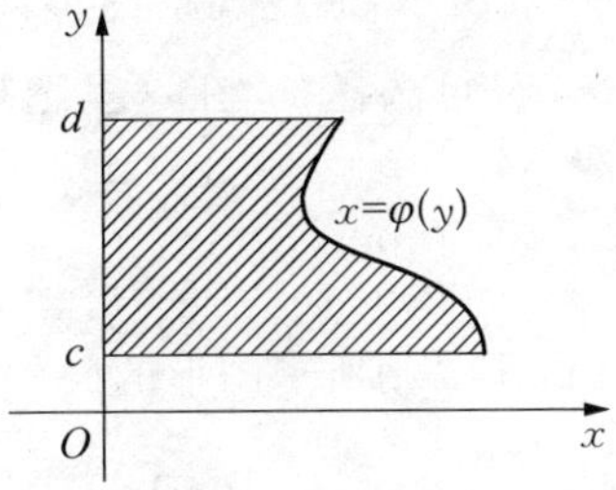

图 4-5-2

4. 由连续曲线 $x=\varphi(y)$，$x=\psi(y)$ 与直线 $y=c$，$y=d$ 所围成的平面图形的面积.

这里仅讨论 $\varphi(y)\geqslant\psi(y)$（如图 4-5-3 所示）的情况，其余情况与表 4-5-2 中的情况相仿，可类似得到平面图形面积公式为

$$A=\int_c^d [\varphi(y)-\psi(y)]\mathrm{d}y.$$

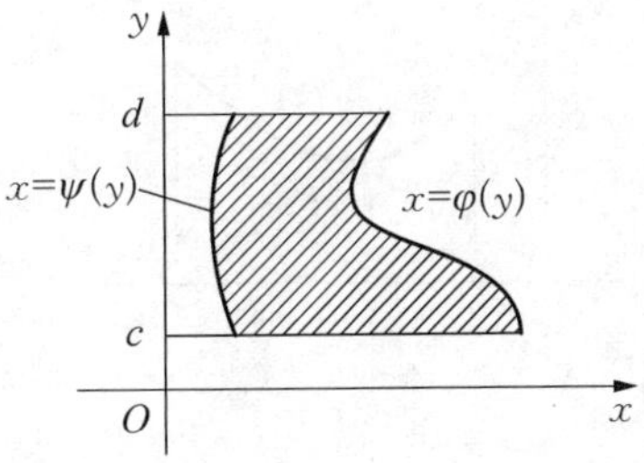

图 4-5-3

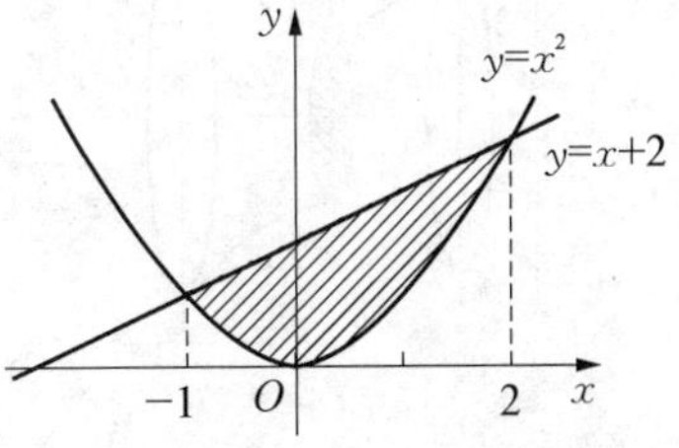

图 4-5-4

例 4.5.3　求抛物线 $y=x^2$ 和直线 $y=x+2$ 所围成的平面图形的面积.

解　首先根据题意作出图形，如图 4-5-4 所示，通过观察图形，选择 x 作为积分变量比较方便，联立方程组 $\begin{cases} y=x^2, \\ y=x+2, \end{cases}$ 得出交点 $(-1,1)$，$(2,4)$.

笔记

由于在区间 $x \in [-1, 2]$ 内,函数 $y=x+2$ 的值都大于函数 $y=x^2$ 的值,所以所求图形的面积是

$$A=\int_{-1}^{2}(x+2-x^2)\mathrm{d}x=\left(\frac{1}{2}x^2+2x-\frac{1}{3}x^3\right)\Big|_{-1}^{2}=\frac{9}{2}.$$

例 4.5.4 求由抛物线 $y^2=x$ 与 $y=x^2$ 所围成图形的面积.

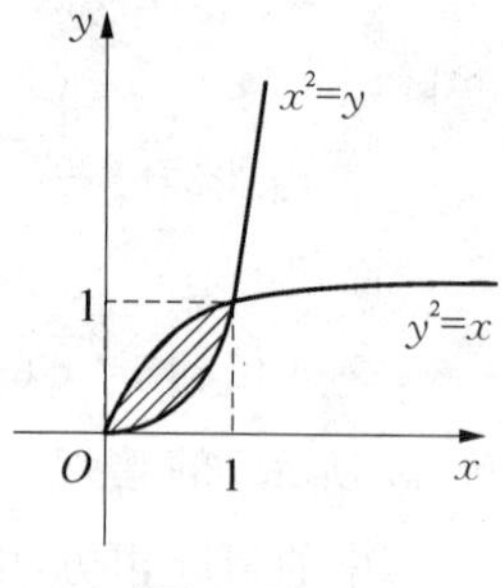

图 4-5-5

解 首先根据题意作出图形,如图 4-5-5 所示,通过观察图形,积分变量既可选择 x,又可选择 y,在这里选择用 x 作为积分变量,联立方程组 $\begin{cases} y^2=x, \\ y=x^2, \end{cases}$ 得出交点 $(0, 0)$, $(1, 1)$. 则所求图形的面积为

$$A=\int_{0}^{1}(\sqrt{x}-x^2)\mathrm{d}x=\left(\frac{2}{3}x^{\frac{3}{2}}-\frac{1}{3}x^3\right)\Big|_{0}^{1}=\frac{1}{3}.$$

*4.5.2 定积分求旋转体的体积

设 $f(x)$ 是区间 $[a, b]$ 上的连续函数,由曲线 $y=f(x)$ 与直线 $x=a$, $x=b$ 及 x 轴围成的曲边梯形绕 x 轴旋转一周,得到一个旋转体,如图 4-5-6 所示,怎样求这个旋转体的体积?

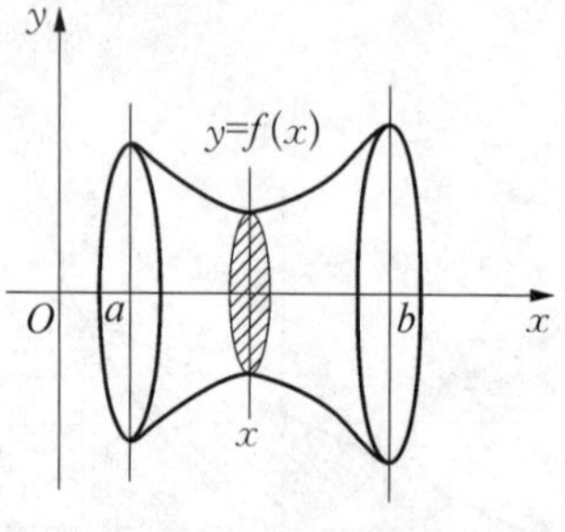

图 4-5-6

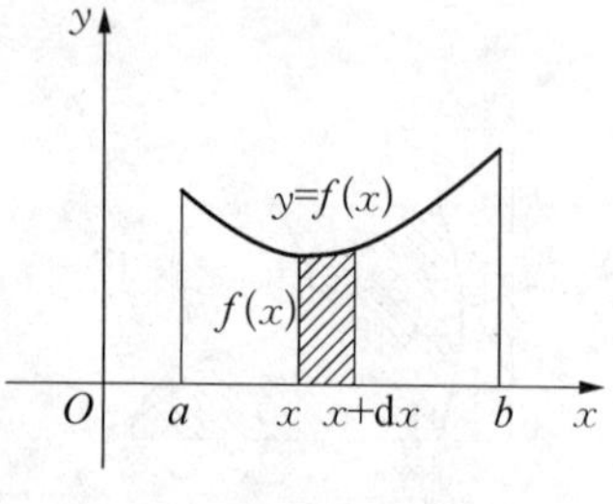

图 4-5-7

这里介绍用定积分求解实际问题的一种常用方法——**微元法**.

在面积公式

$$A=\int_{a}^{b}f(x)\mathrm{d}x\,(f(x)\geqslant 0)$$

中,被积表达式 $f(x)\mathrm{d}x$ 叫作**面积微元**,记作 $\mathrm{d}A$,即

$$\mathrm{d}A=f(x)\mathrm{d}x.$$

如图 4-5-7 所示,$\mathrm{d}A=f(x)\mathrm{d}x$ 表示在区间 $[a, b]$ 内点 x 处,

笔记

以 $f(x)$ 为高，$\mathrm{d}x$ 为宽的微小矩形的面积. 由于 $\mathrm{d}x$ 可以任意地小(微分)，因此可将这块小矩形面积作为相应小曲边梯形面积的(近似)值. 再将所有这些小面积“积”起来，得到整个曲边梯形的面积，即

$$A=\int_a^b \mathrm{d}A=\int_a^b f(x)\mathrm{d}x.$$

这种方法称为微元法. 用微元法分析问题的一般步骤如下.

(1) 定变量　根据问题的具体情况，选取一个积分变量，并确定变量的变化范围，如取 x 为积分变量，x 的变化区间为 $[a, b]$.

(2) 取微元　在区间 $[a, b]$ 内任意一点处，给 x 以微小的增量 $\mathrm{d}x$，在区间 $[x, x+\mathrm{d}x]$ 上将 $f(x)$ 看作常值，构造所求量的微元

$$\mathrm{d}U=Q(x)\mathrm{d}x.$$

(3) 求积分　将上述微元“积”起来，得到所求量

$$U=\int_a^b \mathrm{d}U=\int_a^b Q(x)\mathrm{d}x.$$

下面介绍用微元法来求旋转体的体积.

如图 4－5－8 所示，选定 x 为积分变量，x 的变化范围为 $[a, b]$. 在 $[a, b]$ 上任取一小区间 $[x, x+\mathrm{d}x]$，过点 x 作垂直于 x 轴的平面，则截面是一个以 $|f(x)|$ 为半径的圆，其面积为 $\pi[f(x)]^2$. 再过点 $x+\mathrm{d}x$ 作垂直于 x 轴的平面，得到另一个截面. 由于 $\mathrm{d}x$ 很小，所以夹在两个截面之间的“小薄片”可以近似地看作一个以 $|f(x)|$ 为底面半径、$\mathrm{d}x$ 为高的圆柱体. 其体积为

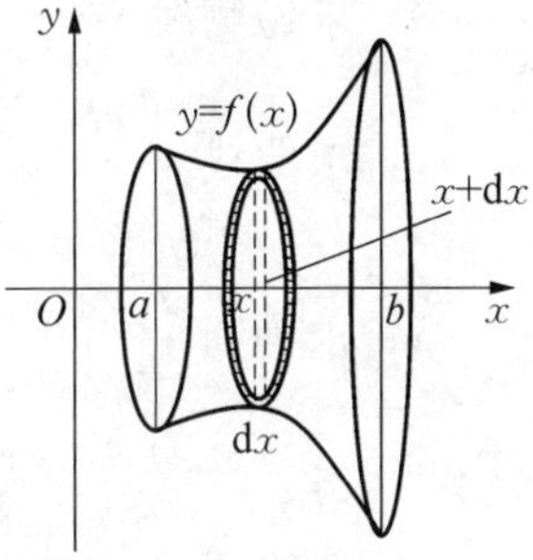

图 4－5－8

$$\mathrm{d}V=\pi[f(x)]^2\mathrm{d}x.$$

$\mathrm{d}V$ 叫作体积微元. 把体积微元在 $[a, b]$ 上求定积分，便得到所求旋转体的体积为

$$V_x=\int_a^b \pi[f(x)]^2\mathrm{d}x.$$

类似地，可以推出：由曲线 $x=\varphi(y)$ 与直线 $y=c$，$y=d$ 及 y 轴所围成的曲边梯形绕 y 轴旋转一周而得到的旋转体，图 4－5－9 的体积为

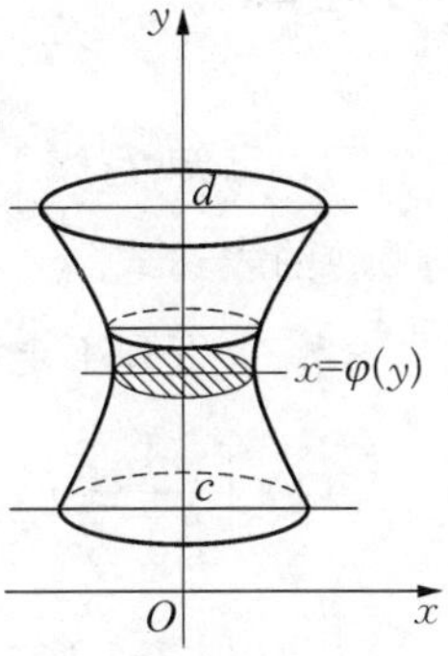

图 4－5－9

$$V_y=\int_c^d \pi[\varphi(y)]^2\mathrm{d}x.$$

例 4.5.5 证明底面半径为 r，高为 h 的圆锥体的体积为 $V=\frac{1}{3}\pi r^2 h$.

证明 如图 4-5-10 所示，以圆锥的顶点为坐标原点，以圆锥的高为 x 轴，建立直角坐标系，则圆锥可以看成是由直角三角形 ABO 绕 x 轴旋转一周而得到的旋转体. 直线 OA 的方程为

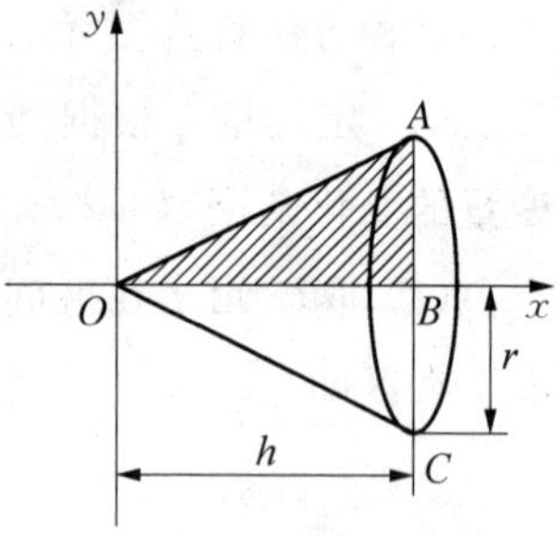

图 4-5-10

$$y=\frac{r}{h}x,$$

于是，所求体积为

$$V=\int_0^h \pi\left(\frac{r}{h}x\right)^2\mathrm{d}x=\frac{\pi r^2}{h^2}\int_0^h x^2\mathrm{d}x=\frac{\pi r^2}{h^2}\left(\frac{x^3}{3}\right)\Bigg|_0^h=\frac{1}{3}\pi r^2 h.$$

能力训练 4.5

1. 求 $y=x^2-2$，$y=2x+1$ 所围成图形的面积.

2. 求抛物线 $y=-x^2+1$ 和 x 轴所围成图形的面积.

3. 求曲线 $y=\cos x$ 在 $\left[-\frac{\pi}{2},\frac{3\pi}{2}\right]$上与 x 轴所围成图形的面积.

4. 求椭圆 $\frac{x^2}{a^2}+\frac{y^2}{b^2}=1$ 所围成的图形绕 x 轴旋转所得旋转体的体积.

文本：能力训练 4.5 参考答案

习题四

1. 已知 $f'(x)=3x^2$，且曲线 $y=f(x)$ 过点$(1,-1)$，求函数 $f(x)$的表达式.

2. 求下列不定积分.

(1) $\int\frac{1}{\sqrt[5]{x^2}}\mathrm{d}x$；　　(2) $\int\frac{2}{x^2}\mathrm{d}x$；

(3) $\int 3^x\cdot 4^x\mathrm{d}x$；　　(4) $\int(3\mathrm{e}^x-x^3)\mathrm{d}x$；

(5) $\int \frac{x^4}{x^2+1}\mathrm{d}x$；(6) $\int(\sqrt{x}-1)(x+1)\mathrm{d}x$；

(7) $\int x(1-x)^2\mathrm{d}x$；(8) $\int a^x \mathrm{e}^x \mathrm{d}x$；

(9) $\int \frac{x^2+7x+12}{x+3}\mathrm{d}x$；(10) $\int \frac{\cos 2x}{\sin x-\cos x}\mathrm{d}x$.

3. 求下列不定积分.

(1) $\int x(2x^2-1)^3\mathrm{d}x$；(2) $\int \cot x\,\mathrm{d}x$；

(3) $\int \frac{\mathrm{e}^{\sqrt{x}}}{\sqrt{x}}\mathrm{d}x$；(4) $\int \frac{x^2}{x^3-1}\mathrm{d}x$；

(5) $\int \frac{\mathrm{e}^x}{\mathrm{e}^x+2}\mathrm{d}x$；(6) $\int \sqrt{2+\sin x}\cdot\cos x\,\mathrm{d}x$；

(7) $\int \mathrm{e}^x\cos \mathrm{e}^x\,\mathrm{d}x$；(8) $\int \frac{1}{x^3}\sin\frac{1}{x^2}\mathrm{d}x$.

4. 求下列不定积分.

(1) $\int x\arctan x\,\mathrm{d}x$；(2) $\int x\mathrm{e}^{-x}\mathrm{d}x$；

(3) $\int x\cos\frac{x}{2}\mathrm{d}x$；(4) $\int \arcsin x\,\mathrm{d}x$.

5. 求下列定积分的值.

(1) $\int_1^2(x^2+x-1)\mathrm{d}x$；(2) $\int_0^1(2^x+x^2)\mathrm{d}x$；

(3) $\int_0^1\mathrm{e}^x(2-\mathrm{e}^{-x})\mathrm{d}x$；(4) $\int_1^2\left(\frac{1}{x}-\sqrt{x}\right)\mathrm{d}x$；

(5) $\int_0^1\frac{3}{\sqrt{1-x^2}}\mathrm{d}x$；(6) $\int_{-3}^4|x-3|\mathrm{d}x$.

6. 用换元积分法计算下列定积分.

(1) $\int_0^1\mathrm{e}^{2x+3}\mathrm{d}x$；(2) $\int_1^2\frac{1}{x^2}\mathrm{e}^{\frac{1}{x}}\mathrm{d}x$；

(3) $\int_1^{\mathrm{e}}\frac{1+\ln x}{x}\mathrm{d}x$；(4) $\int_0^1 x\sqrt{1-x^2}\,\mathrm{d}x$.

7. 求下列定积分.

(1) $\int_0^1 x\mathrm{e}^x\mathrm{d}x$；(2) $\int_0^1 x\arctan x\,\mathrm{d}x$；

(3) $\int_0^{\mathrm{e}-1}\ln(x+1)\mathrm{d}x$；(4) $\int_0^{\pi}x^2\sin x\,\mathrm{d}x$.

文本：习题四参考答案

8. 求下列曲线围成平面图形的面积.

(1) 曲线 $y=\sin x$，$x=0$，$x=\frac{\pi}{2}$ 以及 $y=0$ 所围成平面图形的面积；

(2) 曲线 $y=3-x^2$，$y=2x$ 所围成平面图形的面积.

第5章 矩阵与线性方程组

线性代数是数学知识体系中一个重要的组成部分.随着计算机技术以及人工智能的迅速发展,线性代数在计算机及人工智能领域的基础性地位也越发显著,是这些专业人员所必备的基础知识.矩阵是线性代数的主要内容之一,它的应用极其广泛,涵盖了自然科学、工程技术、经济管理等各个领域.本章主要介绍矩阵的概念及运算、矩阵的初等变换与逆矩阵、求解线性方程组、矩阵的简单应用等.

笔记

5.1 矩阵的概念及其运算

5.1.1 矩阵的概念

定义 5.1.1 由 $m\times n$ 个数 $a_{ij}(i=1, 2, \cdots, m; j=1, 2, \cdots, n)$ 按一定次序排成的 m 行 n 列的矩形数表

$$\begin{bmatrix} a_{11} & a_{12} & \cdots & a_{1n} \\ a_{21} & a_{22} & \cdots & a_{2n} \\ \vdots & \vdots & & \vdots \\ a_{m1} & a_{m2} & \cdots & a_{mn} \end{bmatrix}$$

称为 m 行 n 列的矩阵,简称 $m\times n$ **矩阵**. a_{ij} 表示位于矩阵的第 i 行第 j 列位置的元素.矩阵通常用大写黑体字母 $\boldsymbol{A}$、$\boldsymbol{B}$、$\boldsymbol{C}$、$\cdots$ 表示. $m\times n$ 矩阵可记作 $\boldsymbol{A}_{m\times n}$、$\boldsymbol{A}_{mn}$ 或 $(a_{ij})_{mn}$,简记为 $\boldsymbol{A}$ 或 (a_{ij}).

定义 5.1.2 若两个矩阵 $\boldsymbol{A}$、$\boldsymbol{B}$ 其对应的行数相同,列数也相同,则称 $\boldsymbol{A}$、$\boldsymbol{B}$ 是同型矩阵.

定义 5.1.3 对于同型矩阵 $\boldsymbol{A}_{m\times n}$ 和 $\boldsymbol{B}_{m\times n}$,若它们的对应元素都相等,即

$$a_{ij}=b_{ij}(i=1, 2, \cdots, m; j=1, 2, \cdots, n)$$

就称矩阵 $\boldsymbol{A}$ 与矩阵 $\boldsymbol{B}$ 相等,记作 $\boldsymbol{A}=\boldsymbol{B}$.

笔记

5.1.2 几种常见的特殊矩阵

1. 行(列)矩阵

$\boldsymbol{A}=(a_{11}, a_{12}, \cdots, a_{1n})$ 称为**行矩阵**,即 $1\times n$ 矩阵;$\boldsymbol{A}=\begin{bmatrix} a_{11} \\ a_{21} \\ \vdots \\ a_{m1} \end{bmatrix}$ 称为**列矩阵**,即 $m\times 1$ 矩阵.

2. 零矩阵

所有元素都是零的矩阵称为**零矩阵**,记作 $\boldsymbol{O}$ 或 $\boldsymbol{O}_{m\times n}$,即

$$\boldsymbol{O}=\begin{bmatrix} 0 & 0 & \cdots & 0 \\ 0 & 0 & \cdots & 0 \\ \vdots & \vdots & & \vdots \\ 0 & 0 & \cdots & 0 \end{bmatrix}.$$

3. 方阵

行数 m 与列数 n 相等的矩阵称为 **n 阶方阵**,即

$$\boldsymbol{A}=\begin{bmatrix} a_{11} & a_{12} & \cdots & a_{1n} \\ a_{21} & a_{22} & \cdots & a_{2n} \\ \vdots & \vdots & & \vdots \\ a_{n1} & a_{n2} & \cdots & a_{nn} \end{bmatrix}.$$

在 n 阶方阵中,从左上角到右下角的对角线称为**主对角线**,从右上角到左下角的对角线称为**次对角线**.

4. 三角矩阵

在 n 阶方阵中,如果主对角线左下(右上)方的元素全为零,称这个矩阵为上或下**三角矩阵**,即

$$\begin{bmatrix} a_{11} & a_{12} & \cdots & a_{1n} \\ 0 & a_{22} & \cdots & a_{2n} \\ \vdots & \vdots & & \vdots \\ 0 & 0 & \cdots & a_{nn} \end{bmatrix} \text{或} \begin{bmatrix} a_{11} & 0 & \cdots & 0 \\ a_{21} & a_{22} & \cdots & 0 \\ \vdots & \vdots & & \vdots \\ a_{n1} & a_{n2} & \cdots & a_{nn} \end{bmatrix}.$$

5. 对角矩阵

在 n 阶方阵中,主对角线上的元素不全为零,其余元素全为零,这样的方阵称为对角矩阵,即

笔记

$$\begin{bmatrix} a_{11} & 0 & \cdots & 0 \\ 0 & a_{22} & \cdots & 0 \\ \vdots & \vdots & & \vdots \\ 0 & 0 & \cdots & a_{nn} \end{bmatrix}.$$

6. 单位矩阵

在 n 阶对角矩阵中，当主对角线上的元素 $a_{11}=a_{22}=\cdots=a_{nn}=1$ 时，则称该矩阵为 **n 阶单位矩阵**，记作 $\boldsymbol{E}$ 或 $\boldsymbol{E}_n$，即

$$\boldsymbol{E}=\begin{bmatrix} 1 & 0 & \cdots & 0 \\ 0 & 1 & \cdots & 0 \\ \vdots & \vdots & & \vdots \\ 0 & 0 & \cdots & 1 \end{bmatrix}.$$

7. 对称矩阵

在 n 阶方阵中，若关于主对角线对称的元素都相等，即 $a_{ij}=a_{ji}$ $(i, j=1, 2, \cdots, n)$，则称该矩阵为**对称矩阵**，即

$$\begin{bmatrix} a_{11} & a_{12} & \cdots & a_{1n} \\ a_{12} & a_{22} & \cdots & a_{2n} \\ \vdots & \vdots & & \vdots \\ a_{1n} & a_{2n} & \cdots & a_{nn} \end{bmatrix}.$$

5.1.3 矩阵的运算

1. 矩阵的加(减)法

定义 5.1.4　设有两个同型矩阵 $\boldsymbol{A}_{m\times n}$ 和 $\boldsymbol{B}_{m\times n}$，则称矩阵 $\boldsymbol{A}+\boldsymbol{B}$ 为矩阵 $\boldsymbol{A}$ 与 $\boldsymbol{B}$ 的和，即

$$\boldsymbol{A}+\boldsymbol{B}=\begin{bmatrix} a_{11}+b_{11} & a_{12}+b_{12} & \cdots & a_{1n}+b_{1n} \\ a_{21}+b_{21} & a_{22}+b_{22} & \cdots & a_{2n}+b_{2n} \\ \vdots & \vdots & & \vdots \\ a_{m1}+b_{m1} & a_{m2}+b_{m2} & \cdots & a_{mn}+b_{mn} \end{bmatrix}.$$

称矩阵 $\boldsymbol{A}-\boldsymbol{B}$ 为矩阵 $\boldsymbol{A}$ 与 $\boldsymbol{B}$ 的差，即

$$\boldsymbol{A}-\boldsymbol{B}=\begin{bmatrix} a_{11}-b_{11} & a_{12}-b_{12} & \cdots & a_{1n}-b_{1n} \\ a_{21}-b_{21} & a_{22}-b_{22} & \cdots & a_{2n}-b_{2n} \\ \vdots & \vdots & & \vdots \\ a_{m1}-b_{m1} & a_{m2}-b_{m2} & \cdots & a_{mn}-b_{mn} \end{bmatrix}.$$

笔记

例 5.1.1 已知矩阵 $\boldsymbol{A}=\begin{bmatrix}1 & 2 & 3\\ -1 & 5 & 3\end{bmatrix}$，$\boldsymbol{B}=\begin{bmatrix}0 & 1 & -3\\ 2 & 1 & -1\end{bmatrix}$，求 $\boldsymbol{A}+\boldsymbol{B}$，$\boldsymbol{A}-\boldsymbol{B}$.

解 $\boldsymbol{A}+\boldsymbol{B}=\begin{bmatrix}1+0 & 2+1 & 3+(-3)\\ -1+2 & 5+1 & 3+(-1)\end{bmatrix}=\begin{bmatrix}1 & 3 & 0\\ 1 & 6 & 2\end{bmatrix}$；

$$\boldsymbol{A}-\boldsymbol{B}=\begin{bmatrix}1-0 & 2-1 & 3-(-3)\\ -1-2 & 5-1 & 3-(-1)\end{bmatrix}=\begin{bmatrix}1 & 1 & 6\\ -3 & 4 & 4\end{bmatrix}.$$

矩阵的加法满足以下运算律(其中 $\boldsymbol{A}$、$\boldsymbol{B}$、$\boldsymbol{C}$ 都是 $m\times n$ 矩阵).

(1) 交换律：$\boldsymbol{A}+\boldsymbol{B}=\boldsymbol{B}+\boldsymbol{A}$.

(2) 结合律：$(\boldsymbol{A}+\boldsymbol{B})+\boldsymbol{C}=\boldsymbol{A}+(\boldsymbol{B}+\boldsymbol{C})$.

2. 矩阵的数乘运算

定义 5.1.5 设 k 为任意实数，以数 k 乘矩阵中的每一个元素所得到的矩阵称为数 k 与矩阵 $\boldsymbol{A}$ 的乘积，记作 $k\boldsymbol{A}$，即

$$k\boldsymbol{A}=\begin{bmatrix}ka_{11} & ka_{12} & \cdots & ka_{1n}\\ ka_{21} & ka_{22} & \cdots & ka_{2n}\\ \vdots & \vdots & & \vdots\\ ka_{m1} & ka_{m2} & \cdots & ka_{mn}\end{bmatrix}.$$

例 5.1.2 设矩阵 $\boldsymbol{A}=\begin{bmatrix}3 & -6 & 0\\ 2 & 7 & 4\\ 1 & -2 & 1\end{bmatrix}$，$\boldsymbol{B}=\begin{bmatrix}1 & 3 & -1\\ -2 & 5 & 2\\ 4 & 0 & -7\end{bmatrix}$，若 $\boldsymbol{A}+\boldsymbol{X}=2\boldsymbol{B}$，求矩阵 $\boldsymbol{X}$.

解 由 $\boldsymbol{A}+\boldsymbol{X}=2\boldsymbol{B}$，得

$$\boldsymbol{X}=2\boldsymbol{B}-\boldsymbol{A}=2\begin{bmatrix}1 & 3 & -1\\ -2 & 5 & 2\\ 4 & 0 & -7\end{bmatrix}-\begin{bmatrix}3 & -6 & 0\\ 2 & 7 & 4\\ 1 & -2 & 1\end{bmatrix}$$

$$=\begin{bmatrix}2 & 6 & -2\\ -4 & 10 & 4\\ 8 & 0 & -14\end{bmatrix}-\begin{bmatrix}3 & -6 & 0\\ 2 & 7 & 4\\ 1 & -2 & 1\end{bmatrix}=\begin{bmatrix}-1 & 12 & -2\\ -6 & 3 & 0\\ 7 & 2 & -15\end{bmatrix}.$$

数乘运算满足以下运算律(设 $\boldsymbol{A}$、$\boldsymbol{B}$ 为 $m\times n$ 矩阵，k、h 为任意实数).

(1) 结合律：$(kh)\boldsymbol{A}=k(h\boldsymbol{A})=h(k\boldsymbol{A})$.

(2) 分配律：$k(\boldsymbol{A}+\boldsymbol{B})=k\boldsymbol{A}+k\boldsymbol{B}$.

(3) 分配律：$(k+h)\boldsymbol{A}=k\boldsymbol{A}+h\boldsymbol{A}$.

笔记

3. 矩阵的乘法

定义 5.1.6　设 $\boldsymbol{A}=(a_{ij})$ 是一个 $m\times s$ 矩阵，$\boldsymbol{B}=(b_{ij})$ 是一个 $s\times n$ 矩阵，则称 $m\times n$ 矩阵 $\boldsymbol{C}=(c_{ij})=\boldsymbol{A}\times\boldsymbol{B}$ 为矩阵 $\boldsymbol{A}$ 与 $\boldsymbol{B}$ 的乘积，记作 $\boldsymbol{C}=\boldsymbol{AB}$，其中

$$c_{ij}=a_{i1}b_{1j}+a_{i2}b_{2j}+\cdots+a_{is}b_{sj}$$
$$(i=1,\ 2,\ \cdots,\ m;\ j=1,\ 2,\ \cdots,\ n).$$

即设

$$\boldsymbol{A}=\begin{bmatrix} a_{11} & a_{12} & \cdots & a_{1s} \\ a_{21} & a_{22} & \cdots & a_{2s} \\ \vdots & \vdots & & \vdots \\ \boxed{a_{i1} \quad a_{i2} \quad \cdots \quad a_{is}} \\ \vdots & \vdots & & \vdots \\ a_{m1} & a_{m2} & \cdots & a_{ms} \end{bmatrix}\text{第 } i \text{ 行},$$

$$\begin{array}{c}\text{第 } j \text{ 列} \\ \boldsymbol{B}=\begin{bmatrix} b_{11} & b_{12} & \cdots & b_{1j} & \cdots & b_{1n} \\ b_{21} & b_{22} & \cdots & b_{2j} & \cdots & b_{2n} \\ \vdots & \vdots & & \vdots & & \vdots \\ b_{s1} & b_{s2} & \cdots & b_{sj} & \cdots & b_{sn} \end{bmatrix},\end{array}$$

$$\boldsymbol{C}=\begin{bmatrix} c_{11} & c_{12} & \cdots & c_{1j} & \cdots & c_{1n} \\ c_{21} & c_{22} & \cdots & c_{2j} & \cdots & c_{2n} \\ \vdots & \vdots & & \vdots & & \vdots \\ c_{i1} & c_{i2} & \cdots & \boxed{c_{ij}} & \cdots & c_{in} \\ \vdots & \vdots & & \vdots & & \vdots \\ c_{m1} & c_{m2} & \cdots & c_{mj} & \cdots & c_{mn} \end{bmatrix},$$

其中 $c_{ij}=a_{i1}b_{1j}+a_{i2}b_{2j}+\cdots+a_{is}b_{sj}$.

例 5.1.3　设行矩阵 $\boldsymbol{A}=(a_1,\ a_2,\ \cdots,\ a_s)$，列矩阵 $\boldsymbol{B}=\begin{bmatrix} b_1 \\ b_2 \\ \vdots \\ b_s \end{bmatrix}$，求 $\boldsymbol{AB}$，$\boldsymbol{BA}$.

解

笔记

$$AB=(a_1,a_2,\cdots,a_s)\begin{bmatrix}b_1\\b_2\\\vdots\\b_s\end{bmatrix}=a_1b_1+a_2b_2+\cdots+a_sb_s;$$

$$BA=\begin{bmatrix}b_1\\b_2\\\vdots\\b_s\end{bmatrix}(a_1,a_2,\cdots,a_s)=\begin{bmatrix}b_1a_1&b_1a_2&\cdots&b_1a_s\\b_2a_1&b_2a_2&\cdots&b_2a_s\\\vdots&\vdots&&\vdots\\b_sa_1&b_sa_2&\cdots&b_sa_s\end{bmatrix}.$$

注意：AB 是一个数，而 BA 是一个 $s\times s$ 矩阵，所以 $AB\neq BA$.

例 5.1.4 设矩阵 $A=\begin{bmatrix}1&0&3\\2&1&0\end{bmatrix}$，$B=\begin{bmatrix}4&1\\-1&1\\2&0\end{bmatrix}$，$C=\begin{bmatrix}4&1&0\\-1&1&3\\2&0&1\end{bmatrix}$，求 AB，BA，AC，CA.

解

$$AB=\begin{bmatrix}1&0&3\\2&1&0\end{bmatrix}\begin{bmatrix}4&1\\-1&1\\2&0\end{bmatrix}$$

$$=\begin{bmatrix}1\times4+0\times(-1)+3\times2&1\times1+0\times1+3\times0\\2\times4+1\times(-1)+0\times2&2\times1+1\times1+0\times0\end{bmatrix}$$

$$=\begin{bmatrix}10&1\\7&3\end{bmatrix},$$

$$BA=\begin{bmatrix}4&1\\-1&1\\2&0\end{bmatrix}\begin{bmatrix}1&0&3\\2&1&0\end{bmatrix}$$

$$=\begin{bmatrix}4\times1+1\times2&4\times0+1\times1&4\times3+1\times0\\-1\times1+1\times2&-1\times0+1\times1&-1\times3+1\times0\\2\times1+0\times2&2\times0+0\times1&2\times3+0\times0\end{bmatrix}$$

$$=\begin{bmatrix}6&1&12\\1&1&-3\\2&0&6\end{bmatrix},$$

笔记

$$AC=\begin{bmatrix}1&0&3\\2&1&0\end{bmatrix}\begin{bmatrix}4&1&0\\-1&1&3\\2&0&1\end{bmatrix}$$

$$=\begin{bmatrix}1\times4+0\times(-1)+3\times2&1\times1+0\times1+3\times0&1\times0+0\times3+3\times1\\2\times4+1\times(-1)+0\times2&2\times1+1\times1+0\times0&2\times0+1\times3+0\times1\end{bmatrix}$$

$$=\begin{bmatrix}10&1&3\\7&3&3\end{bmatrix};$$

由于矩阵 $\boldsymbol{C}$ 的列数与 $\boldsymbol{A}$ 的行数不相等,所以 $\boldsymbol{CA}$ 没有意义.

例 5.1.5　设矩阵 $\boldsymbol{A}=\begin{bmatrix}-2&4\\1&-2\end{bmatrix}$, $\boldsymbol{B}=\begin{bmatrix}2&4\\-3&-6\end{bmatrix}$, 求 $\boldsymbol{AB}$, $\boldsymbol{BA}$.

解　$\boldsymbol{AB}=\begin{bmatrix}-2&4\\1&-2\end{bmatrix}\begin{bmatrix}2&4\\-3&-6\end{bmatrix}=\begin{bmatrix}-16&-32\\8&16\end{bmatrix}$;

$\boldsymbol{BA}=\begin{bmatrix}2&4\\-3&-6\end{bmatrix}\begin{bmatrix}-2&4\\1&-2\end{bmatrix}=\begin{bmatrix}0&0\\0&0\end{bmatrix}$.

注意: 本例中 $\boldsymbol{A}\neq0$, $\boldsymbol{B}\neq0$, $\boldsymbol{AB}\neq0$,但 $\boldsymbol{BA}=0$.

例 5.1.6　设矩阵 $\boldsymbol{A}=\begin{bmatrix}1&-3\\5&2\end{bmatrix}$, $\boldsymbol{B}=\begin{bmatrix}0&-4\\6&3\end{bmatrix}$, $\boldsymbol{C}=\begin{bmatrix}1&-1\\-1&1\end{bmatrix}$, 求 $\boldsymbol{AC}$, $\boldsymbol{BC}$.

解　$\boldsymbol{AC}=\begin{bmatrix}1&-3\\5&2\end{bmatrix}\begin{bmatrix}1&-1\\-1&1\end{bmatrix}=\begin{bmatrix}4&-4\\3&-3\end{bmatrix}$;

$\boldsymbol{BC}=\begin{bmatrix}0&-4\\6&3\end{bmatrix}\begin{bmatrix}1&-1\\-1&1\end{bmatrix}=\begin{bmatrix}4&-4\\3&-3\end{bmatrix}$.

注意: 本例中 $\boldsymbol{A}\neq\boldsymbol{B}$,但 $\boldsymbol{AC}=\boldsymbol{BC}$.

由上面的实例可以发现,矩阵的乘法与数的乘法的运算律有许多不同之处:

(1) $\boldsymbol{AB}$ 是 $\boldsymbol{A}$ 左乘 $\boldsymbol{B}$, $\boldsymbol{BA}$ 是 $\boldsymbol{A}$ 右乘 $\boldsymbol{B}$, $\boldsymbol{AB}$ 有意义时, $\boldsymbol{BA}$ 可能没有意义.

(2) 若 $\boldsymbol{A}$ 是 $m\times n$ 矩阵, $\boldsymbol{B}$ 是 $n\times m$ 矩阵,则 $\boldsymbol{AB}$ 与 $\boldsymbol{BA}$ 都有意义,但 $\boldsymbol{AB}$ 是 m 阶方阵, $\boldsymbol{BA}$ 是 n 阶方阵;当 $m\neq n$ 时, $\boldsymbol{AB}\neq\boldsymbol{BA}$,即使 $m=n$, $\boldsymbol{AB}$ 与 $\boldsymbol{BA}$ 仍然可以不相等.

(3) 若 $\boldsymbol{AB}=0$,不能推出 $\boldsymbol{A}=0$ 或 $\boldsymbol{B}=0$;同理,若 $\boldsymbol{AC}=\boldsymbol{BC}$,也不

笔记

能推出 $\boldsymbol{A}=\boldsymbol{B}$.

矩阵的乘法不满足交换律,但仍满足结合律和分配律,矩阵的乘法满足以下运算律.

(1) 结合律:$(\boldsymbol{AB})\boldsymbol{C}=\boldsymbol{A}(\boldsymbol{BC})$, $\lambda(\boldsymbol{AB})=(\lambda\boldsymbol{A})\boldsymbol{B}=\boldsymbol{A}(\lambda\boldsymbol{B})$.

(2) 分配律:$\boldsymbol{A}(\boldsymbol{B}+\boldsymbol{C})=\boldsymbol{AB}+\boldsymbol{AC}$, $(\boldsymbol{B}+\boldsymbol{C})\boldsymbol{A}=\boldsymbol{BA}+\boldsymbol{CA}$.

(3) 矩阵与单位矩阵的乘积:$\boldsymbol{E}_{mm}\boldsymbol{A}_{mn}=\boldsymbol{A}_{mn}$; $\boldsymbol{A}_{mn}\boldsymbol{E}_{nn}=\boldsymbol{A}_{mn}$,

若 $\boldsymbol{E}$ 和 $\boldsymbol{A}$ 是同阶方阵,则 $\boldsymbol{EA}=\boldsymbol{AE}=\boldsymbol{A}$.

(4) 矩阵的幂:$\boldsymbol{A}^k$ 就是 k 个矩阵 $\boldsymbol{A}$ 连乘.

注意:只有方阵的幂才有意义.

4. 矩阵的转置

定义 5.1.7 把矩阵的行换成同序数的列,得到一个新矩阵,称为 $\boldsymbol{A}$ 的转置矩阵,记作 $\boldsymbol{A}^{\mathrm{T}}$. 即

$$\text{若 } \boldsymbol{A}=\begin{bmatrix} a_{11} & a_{12} & \cdots & a_{1n} \\ a_{21} & a_{22} & \cdots & a_{2n} \\ \vdots & \vdots & & \vdots \\ a_{m1} & a_{m2} & \cdots & a_{mn} \end{bmatrix}, \text{则 } \boldsymbol{A}^{\mathrm{T}}=\begin{bmatrix} a_{11} & a_{21} & \cdots & a_{m1} \\ a_{12} & a_{22} & \cdots & a_{m2} \\ \vdots & \vdots & & \vdots \\ a_{1n} & a_{2n} & \cdots & a_{mn} \end{bmatrix}.$$

例 5.1.7 设矩阵 $\boldsymbol{A}=\begin{bmatrix} 1 & 2 & 0 \\ 3 & -1 & 1 \end{bmatrix}$, $\boldsymbol{B}=\begin{bmatrix} 2 & -1 & 5 \\ 1 & 0 & -2 \\ 0 & 3 & -9 \end{bmatrix}$, 求 $(\boldsymbol{AB})^{\mathrm{T}}$, $\boldsymbol{B}^{\mathrm{T}}\boldsymbol{A}^{\mathrm{T}}$.

解 因为 $\boldsymbol{AB}=\begin{bmatrix} 1 & 2 & 0 \\ 3 & -1 & 1 \end{bmatrix}\begin{bmatrix} 2 & -1 & 5 \\ 1 & 0 & -2 \\ 0 & 3 & -9 \end{bmatrix}=\begin{bmatrix} 4 & -1 & 1 \\ 5 & 0 & 8 \end{bmatrix}$,

所以 $(\boldsymbol{AB})^{\mathrm{T}}=\begin{bmatrix} 4 & 5 \\ -1 & 0 \\ 1 & 8 \end{bmatrix}$.

$$\boldsymbol{B}^{\mathrm{T}}\boldsymbol{A}^{\mathrm{T}}=\begin{bmatrix} 2 & 1 & 0 \\ -1 & 0 & 3 \\ 5 & -2 & -9 \end{bmatrix}\begin{bmatrix} 1 & 3 \\ 2 & -1 \\ 0 & 1 \end{bmatrix}=\begin{bmatrix} 4 & 5 \\ -1 & 0 \\ 1 & 8 \end{bmatrix}.$$

矩阵的转置运算满足以下运算律.

(1) $(\boldsymbol{A}^{\mathrm{T}})^{\mathrm{T}}=\boldsymbol{A}$.

(2) $(\boldsymbol{A}+\boldsymbol{B})^{\mathrm{T}}=\boldsymbol{A}^{\mathrm{T}}+\boldsymbol{B}^{\mathrm{T}}$.

(3) $(\lambda\boldsymbol{A})^{\mathrm{T}}=\lambda\boldsymbol{A}^{\mathrm{T}}$($\lambda$ 为实数).

(4) $(\boldsymbol{AB})^{\mathrm{T}}=\boldsymbol{B}^{\mathrm{T}}\boldsymbol{A}^{\mathrm{T}}$.

注意： 若 $\boldsymbol{A}$ 为对称矩阵，则 $\boldsymbol{A}^{\mathrm{T}}=\boldsymbol{A}$.

能力训练5.1

1. 按要求写出下列矩阵：$\boldsymbol{E}_2$，$\boldsymbol{E}_4$，$\boldsymbol{O}_{3\times 2}$.

2. 设矩阵 $\boldsymbol{A}=\begin{bmatrix}1&5\\3&0\end{bmatrix}$，$\boldsymbol{B}=\begin{bmatrix}2&3\\0&-1\end{bmatrix}$，求 $2\boldsymbol{A}+\boldsymbol{B}$，$\boldsymbol{A}-\boldsymbol{B}^{\mathrm{T}}$，$\boldsymbol{AB}$，$\boldsymbol{BA}$.

3. 设矩阵 $\boldsymbol{A}=\begin{bmatrix}\cos\varphi&-\sin\varphi\\\sin\varphi&\cos\varphi\end{bmatrix}$，求 $\boldsymbol{A}^{\mathrm{T}}\boldsymbol{A}$.

4. 设矩阵 $\boldsymbol{A}=\begin{bmatrix}a+2b&3a-c\\b-3d&a-b\end{bmatrix}$，若 $\boldsymbol{A}=\boldsymbol{E}$，求 a，b，c，d.

5. 计算下列矩阵的乘积.

(1) $\begin{bmatrix}5&-1\\-2&0\\3&2\end{bmatrix}\begin{bmatrix}1&2\\-7&4\end{bmatrix}$；　　(2) $\begin{bmatrix}3\\4\\0\end{bmatrix}(-1\quad 2\quad 3)$；

(3) $(2\quad -1)\begin{bmatrix}1&0&1\\-2&2&-1\end{bmatrix}$；　　(4) $\begin{bmatrix}1&3\\2&4\end{bmatrix}\begin{bmatrix}0&1\\1&0\end{bmatrix}$.

6. 设矩阵 $\boldsymbol{A}=\begin{bmatrix}1&-1\\1&-1\end{bmatrix}$，求 $\boldsymbol{A}^2$.

文本：能力训练5.1
参考答案

5.2　矩阵的初等变换与矩阵的秩

5.2.1　矩阵的初等变换

定义5.2.1　以下3种变换称为**矩阵的初等行(列)变换**：

(1) 互换变换：互换矩阵两行(列)的所有元素，记作：$r_i\leftrightarrow r_j(c_i\leftrightarrow c_j)$.

(2) 倍乘变换：用一个非零常数乘以矩阵某一行(列)的所有元素，记作 $kr_i(kc_i)$.

(3) 倍加变换：把矩阵的某一行(列)的所有元素的 k 倍加到另一行(列)的对应元素上去，记作 $r_i+kr_j(c_i+kc_j)$.

定义5.2.2　矩阵 $\boldsymbol{A}$ 经过有限次初等变换转化为矩阵 $\boldsymbol{B}$，则矩阵 $\boldsymbol{A}$ 与矩阵 $\boldsymbol{B}$ 等价，记作 $\boldsymbol{A}\sim\boldsymbol{B}$.

定义5.2.3　若矩阵 $\boldsymbol{A}$ 满足：

(1) 矩阵的零行(元素全为0的行)在最下方.

笔记

(2) 每行首非零元(即首个非零元素)下方的元素全是 0.

称该矩阵 A 为**阶梯形矩阵**,简称**阶梯矩阵**.

定义 5.2.4 若阶梯矩阵 A 还满足:

(1) 非零行的首非零元全是 1.

(2) 所有首非零元 1 所在列的其他元素全都是 0.

称该阶梯形矩阵为**行最简阶梯形矩阵**.

例如,$\begin{bmatrix}1&1&-1&2\\0&1&1&-1\\0&2&2&3\end{bmatrix}$不是阶梯形矩阵,$\begin{bmatrix}1&1&-1&2\\0&1&1&-1\\0&0&0&1\end{bmatrix}$是阶梯形矩阵但不是行最简阶梯形矩阵,$\begin{bmatrix}1&0&-2&0\\0&1&1&0\\0&0&0&1\end{bmatrix}$是行最简阶梯形矩阵.

例 5.2.1 用初等行变换将矩阵 $A=\begin{bmatrix}1&1&-2&1&4\\2&-1&-1&1&2\\2&-3&1&-1&2\\3&6&-9&4&18\end{bmatrix}$化为行最简阶梯形矩阵.

解 $A=\begin{bmatrix}1&1&-2&1&4\\2&-1&-1&1&2\\2&-3&1&-1&2\\3&6&-9&4&18\end{bmatrix}$

$$\xrightarrow[-3r_1+r_4]{\substack{-2r_1+r_2\\-2r_1+r_3}}\begin{bmatrix}1&1&-2&1&4\\0&-3&3&-1&-6\\0&-5&5&-3&-6\\0&3&-3&1&6\end{bmatrix}$$

$$\xrightarrow[\frac{1}{3}r_4]{\substack{-\frac{1}{3}r_2\\-\frac{1}{5}r_3}}\begin{bmatrix}1&1&-2&1&4\\0&1&-1&\frac{1}{3}&2\\0&1&-1&\frac{3}{5}&\frac{6}{5}\\0&1&-1&\frac{1}{3}&2\end{bmatrix}$$

笔记

$$\xrightarrow[-r_2+r_4]{-r_2+r_3}\begin{bmatrix}1 & 1 & -2 & 1 & 4\\ 0 & 1 & -1 & \frac{1}{3} & 2\\ 0 & 0 & 0 & \frac{4}{15} & -\frac{4}{5}\\ 0 & 0 & 0 & 0 & 0\end{bmatrix}$$

$$\xrightarrow{\frac{15}{4}r_3}\begin{bmatrix}1 & 1 & -2 & 1 & 4\\ 0 & 1 & -1 & \frac{1}{3} & 2\\ 0 & 0 & 0 & 1 & -3\\ 0 & 0 & 0 & 0 & 0\end{bmatrix}$$

$$\xrightarrow[-r_3+r_1]{-\frac{1}{3}r_3+r_2}\begin{bmatrix}1 & 1 & -2 & 0 & 7\\ 0 & 1 & -1 & 0 & 3\\ 0 & 0 & 0 & 1 & -3\\ 0 & 0 & 0 & 0 & 0\end{bmatrix}$$

$$\xrightarrow{-r_2+r_1}\begin{bmatrix}1 & 0 & -1 & 0 & 4\\ 0 & 1 & -1 & 0 & 0\\ 0 & 0 & 0 & 1 & -3\\ 0 & 0 & 0 & 0 & 0\end{bmatrix}.$$

5.2.2 矩阵的秩

定义 5.2.5 与矩阵 $\boldsymbol{A}$ 等价的行阶梯形矩阵的非零行的个数 r 称为矩阵 $\boldsymbol{A}$ 的**秩**，记作 $r(\boldsymbol{A})=r$.

例 5.2.2 求矩阵 $\boldsymbol{A}=\begin{bmatrix}3 & 2 & 0 & 5 & 0\\ 3 & -2 & 3 & 6 & -1\\ 2 & 0 & 1 & 5 & -3\\ 1 & 6 & -4 & -1 & 4\end{bmatrix}$ 的秩.

解 $\boldsymbol{A}=\begin{bmatrix}3 & 2 & 0 & 5 & 0\\ 3 & -2 & 3 & 6 & -1\\ 2 & 0 & 1 & 5 & -3\\ 1 & 6 & -4 & -1 & 4\end{bmatrix}$

笔记

$$\xrightarrow{r_1 \leftrightarrow r_4} \begin{bmatrix} 1 & 6 & -4 & -1 & 4 \\ 3 & -2 & 3 & 6 & -1 \\ 2 & 0 & 1 & 5 & -3 \\ 3 & 2 & 0 & 5 & 0 \end{bmatrix}$$

$$\xrightarrow[r_4 - 3r_1]{\substack{r_2 - 3r_1 \\ r_3 - 2r_1}} \begin{bmatrix} 1 & 6 & -4 & -1 & 4 \\ 0 & -20 & 15 & 9 & -13 \\ 0 & -12 & 9 & 7 & -11 \\ 0 & -16 & 12 & 8 & -12 \end{bmatrix}$$

$$\xrightarrow[r_2 \leftrightarrow r_4]{\frac{1}{4} r_4} \begin{bmatrix} 1 & 6 & -4 & -1 & 4 \\ 0 & -4 & 3 & 2 & -3 \\ 0 & -12 & 9 & 7 & -11 \\ 0 & -20 & 15 & 9 & -13 \end{bmatrix}$$

$$\xrightarrow[r_4 - 5r_2]{r_3 - 3r_2} \begin{bmatrix} 1 & 6 & -4 & -1 & 4 \\ 0 & -4 & 3 & 2 & -3 \\ 0 & 0 & 0 & 1 & -2 \\ 0 & 0 & 0 & -1 & 2 \end{bmatrix}$$

$$\xrightarrow{r_4 + r_3} \begin{bmatrix} 1 & 6 & -4 & -1 & 4 \\ 0 & -4 & 3 & 2 & -3 \\ 0 & 0 & 0 & 1 & -2 \\ 0 & 0 & 0 & 0 & 0 \end{bmatrix},$$

与矩阵 $\boldsymbol{A}$ 等价的行阶梯形矩阵的非零行的个数是 3,因此 $r(\boldsymbol{A})=3$.

定义 5.2.6 对于 n 阶方阵 $\boldsymbol{A}$,如果 $r(\boldsymbol{A})=n$,那么称方阵 $\boldsymbol{A}$ 为**满秩矩阵,或非奇异矩阵,或非退化矩阵**.

例 5.2.3 判断矩阵 $\begin{bmatrix} 2 & 2 & -1 \\ 3 & 4 & -1 \\ 2 & 0 & 6 \end{bmatrix}$ 是否为满秩矩阵.

解 将该矩阵做初等行变换,即

$$\boldsymbol{A} = \begin{bmatrix} 2 & 2 & -1 \\ 3 & 4 & -1 \\ 2 & 0 & 6 \end{bmatrix} \rightarrow \begin{bmatrix} 2 & 0 & 6 \\ 3 & 4 & -1 \\ 2 & 2 & -1 \end{bmatrix} \rightarrow \begin{bmatrix} 1 & 0 & 3 \\ 3 & 4 & -1 \\ 2 & 2 & -1 \end{bmatrix}$$

$$\rightarrow \begin{bmatrix} 1 & 0 & 3 \\ 0 & 4 & -10 \\ 0 & 2 & -7 \end{bmatrix} \rightarrow \begin{bmatrix} 1 & 0 & 3 \\ 0 & 2 & -7 \\ 0 & 4 & -10 \end{bmatrix} \rightarrow \begin{bmatrix} 1 & 0 & 3 \\ 0 & 2 & -7 \\ 0 & 0 & 4 \end{bmatrix},$$

因为 $r(\boldsymbol{A})=3$，所以该矩阵是满秩矩阵.

定理 5.2.1　任何一个**满秩矩阵**都能通过初等行变换化为单位矩阵.

如在例 5.2.3 中，对最后的阶梯形矩阵继续实施初等行变换，可得

$$\begin{bmatrix}1&0&3\\0&2&-7\\0&0&4\end{bmatrix}\to\begin{bmatrix}1&0&3\\0&2&-7\\0&0&1\end{bmatrix}\to\begin{bmatrix}1&0&0\\0&2&0\\0&0&1\end{bmatrix}\to\begin{bmatrix}1&0&0\\0&1&0\\0&0&1\end{bmatrix}.$$

能力训练 5.2

1. 用矩阵的初等行变换将下列矩阵化为阶梯形矩阵.

(1) $\begin{bmatrix}1&2\\-2&1\end{bmatrix}$；　(2) $\begin{bmatrix}-2&1&1\\1&-2&1\\1&1&-2\end{bmatrix}$；

(3) $\begin{bmatrix}2&2&-1&6\\1&-2&4&3\\5&8&1&18\end{bmatrix}$；　(4) $\begin{bmatrix}1&-3&-1\\-2&5&4\\1&-4&0\end{bmatrix}$.

2. 求下列矩阵的秩.

(1) $\begin{bmatrix}1&2&-3\\-1&-1&1\\2&-3&1\end{bmatrix}$；　(2) $\begin{bmatrix}1&-2&1&1\\-1&1&2&1\\3&-1&1&6\end{bmatrix}$.

文本：能力训练 5.2
参考答案

5.3　逆矩阵

5.3.1　逆矩阵的概念

定义 5.3.1　对于 n 阶方阵 $\boldsymbol{A}$，如果存在一个 n 阶方阵 $\boldsymbol{B}$ 使得 $\boldsymbol{AB}=\boldsymbol{BA}=\boldsymbol{E}$，则称矩阵 $\boldsymbol{A}$ 可逆，并称矩阵 $\boldsymbol{B}$ 是 $\boldsymbol{A}$ 的逆矩阵，简称 $\boldsymbol{A}$ 的逆，记作 $\boldsymbol{B}=\boldsymbol{A}^{-1}$.

例如，矩阵 $\boldsymbol{A}=\begin{bmatrix}1&-1\\-3&2\end{bmatrix}$，$\boldsymbol{B}=\begin{bmatrix}-2&-1\\-3&1\end{bmatrix}$，因为 $\boldsymbol{AB}=\boldsymbol{BA}=\boldsymbol{E}$，所以矩阵 $\boldsymbol{A}$ 可逆，且矩阵 $\boldsymbol{B}$ 是矩阵 $\boldsymbol{A}$ 的逆矩阵，显然，矩阵 $\boldsymbol{B}$ 也可逆，且矩阵 $\boldsymbol{A}$ 是矩阵 $\boldsymbol{B}$ 的逆矩阵，所以矩阵 $\boldsymbol{A}$ 与矩阵 $\boldsymbol{B}$ 互为逆矩阵.

定理 5.3.1　如果一个矩阵可逆，则它的逆矩阵唯一.

证明　设矩阵 $\boldsymbol{B}$ 和矩阵 $\boldsymbol{C}$ 都是矩阵 $\boldsymbol{A}$ 的逆矩阵，则有 $\boldsymbol{AB}=\boldsymbol{BA}=$

笔记

$\boldsymbol{E}$，$\boldsymbol{AC}=\boldsymbol{CA}=\boldsymbol{E}$，那么 $\boldsymbol{B}=\boldsymbol{BE}=\boldsymbol{B}(\boldsymbol{AC})=(\boldsymbol{BA})\boldsymbol{C}=\boldsymbol{EC}=\boldsymbol{C}$.

是不是所有的方阵都存在逆矩阵呢？答案是否定的. 比如零矩阵就不存在逆矩阵，矩阵 $\begin{bmatrix}0 & 0\\1 & 2\end{bmatrix}$ 也不存在逆矩阵. 那么，到底什么样的方阵才存在逆矩阵呢？

定理 5.3.2 n 阶方阵 $\boldsymbol{A}$ 可逆的充要条件是 n 阶方阵 $\boldsymbol{A}$ 为满秩矩阵，即 $r(\boldsymbol{A})=n$.

例 5.3.1 判断矩阵 $\begin{bmatrix}1 & 0 & 1\\2 & 1 & 0\\1 & 1 & -1\end{bmatrix}$ 是否可逆.

解 对该矩阵实施初等行变换，看其是否为满秩矩阵，即

$$\boldsymbol{A}=\begin{bmatrix}1 & 0 & 1\\2 & 1 & 0\\1 & 1 & -1\end{bmatrix}\to\begin{bmatrix}1 & 0 & 1\\0 & 1 & -2\\0 & 1 & -2\end{bmatrix}\to\begin{bmatrix}1 & 0 & 1\\0 & 1 & -2\\0 & 0 & 0\end{bmatrix},$$

则 $r(\boldsymbol{A})=2$，该矩阵不是满秩矩阵，所以该矩阵不可逆.

定理 5.3.3 n 阶可逆方阵 $\boldsymbol{A}$ 经过一系列的初等变换后，一定可以化为 n 阶单位矩阵 $\boldsymbol{E}$.

5.3.2 逆矩阵的性质

逆矩阵的性质如下.

(1) $(\boldsymbol{A}^{-1})^{-1}=\boldsymbol{A}$；

(2) $(\boldsymbol{AB})^{-1}=\boldsymbol{B}^{-1}\boldsymbol{A}^{-1}$；

(3) $(\boldsymbol{A}^{\mathrm{T}})^{-1}=(\boldsymbol{A}^{-1})^{\mathrm{T}}$；

(4) $(k\boldsymbol{A})^{-1}=\dfrac{1}{k}\boldsymbol{A}^{-1}$；

(5) n 阶方阵 $\boldsymbol{A}$ 可逆 $\Leftrightarrow$ $\boldsymbol{A}$ 等价于 $\boldsymbol{E}$ $\Leftrightarrow$ $\boldsymbol{A}$ 的秩 $r(\boldsymbol{A})=n$.

5.3.3 逆矩阵的求法

如何求可逆矩阵的逆矩阵呢？

定理 5.3.4 设 $\boldsymbol{A}$ 为 n 阶可逆矩阵，$\boldsymbol{E}$ 为 n 阶单位矩阵，若对 $n\times 2n$ 阶矩阵 $[\boldsymbol{A}\ \vdots\ \boldsymbol{E}]$ 作一系列初等行变换，使它变为 $[\boldsymbol{E}\ \vdots\ \boldsymbol{B}]$，则 $\boldsymbol{B}=\boldsymbol{A}^{-1}$.

例 5.3.2 用初等行变换求矩阵 $\boldsymbol{A}=\begin{bmatrix}1 & 2\\1 & 3\end{bmatrix}$ 的逆矩阵.

解 作一个 2×4 的矩阵 $[\boldsymbol{A}\ \vdots\ \boldsymbol{E}]$，并作初等行变换

笔记

$$[\boldsymbol{A} \vdots \boldsymbol{E}]=\left[\begin{array}{cc:cc}1 & 2 & 1 & 0 \\ 1 & 3 & 0 & 1\end{array}\right] \xrightarrow{r_2-r_1}\left[\begin{array}{cc:cc}1 & 2 & 1 & 0 \\ 0 & 1 & -1 & 1\end{array}\right]$$

$$\xrightarrow{r_1-2r_2}\left[\begin{array}{cc:cc}1 & 0 & 3 & -2 \\ 0 & 1 & -1 & 1\end{array}\right],$$

故

$$\boldsymbol{A}^{-1}=\begin{bmatrix}3 & -2 \\ -1 & 1\end{bmatrix}.$$

例 5.3.3　用初等行变换求矩阵 $\boldsymbol{A}=\begin{bmatrix}3 & 2 & 1 \\ 1 & 2 & 2 \\ 3 & 4 & 3\end{bmatrix}$ 的逆矩阵.

解　作一个 3×6 的矩阵 $[\boldsymbol{A} \vdots \boldsymbol{E}]$，并作初等行变换

$$[\boldsymbol{A} \vdots \boldsymbol{E}]=\left[\begin{array}{ccc:ccc}3 & 2 & 1 & 1 & 0 & 0 \\ 1 & 2 & 2 & 0 & 1 & 0 \\ 3 & 4 & 3 & 0 & 0 & 0\end{array}\right] \xrightarrow{r_1 \leftrightarrow r_2}\left[\begin{array}{ccc:ccc}1 & 2 & 2 & 0 & 1 & 0 \\ 3 & 2 & 1 & 1 & 0 & 0 \\ 3 & 4 & 3 & 0 & 0 & 1\end{array}\right]$$

$$\xrightarrow[r_3-3r_1]{r_2-3r_1}\left[\begin{array}{ccc:ccc}1 & 2 & 2 & 0 & 1 & 0 \\ 0 & -4 & -5 & 1 & -3 & 0 \\ 0 & -2 & -3 & 0 & -3 & 1\end{array}\right]$$

$$\xrightarrow{r_2 \leftrightarrow r_3}\left[\begin{array}{ccc:ccc}1 & 2 & 2 & 0 & 1 & 0 \\ 0 & -2 & -3 & 0 & -3 & 1 \\ 0 & -4 & -5 & 1 & -3 & 0\end{array}\right]$$

$$\xrightarrow{-\frac{1}{2}r_2}\left[\begin{array}{ccc:ccc}1 & 2 & 2 & 0 & 1 & 0 \\ 0 & 1 & \frac{3}{2} & 0 & \frac{3}{2} & -\frac{1}{2} \\ 0 & -4 & -5 & 1 & -3 & 0\end{array}\right]$$

$$\xrightarrow{r_3+4r_2}\left[\begin{array}{ccc:ccc}1 & 2 & 2 & 0 & 1 & 0 \\ 0 & 1 & \frac{3}{2} & 0 & \frac{3}{2} & -\frac{1}{2} \\ 0 & 0 & 1 & 1 & 3 & -2\end{array}\right]$$

$$\xrightarrow{r_1-2r_2}\left[\begin{array}{ccc:ccc}1 & 0 & -1 & 0 & -2 & 1 \\ 0 & 1 & \frac{3}{2} & 0 & \frac{3}{2} & -\frac{1}{2} \\ 0 & 0 & 1 & 1 & 3 & -2\end{array}\right]$$

笔记

$$\xrightarrow[r_2-\frac{3}{2}r_3]{r_1+r_3}\left[\begin{array}{ccc:ccc}1&0&0&1&1&-1\\0&1&0&-\frac{3}{2}&-3&\frac{5}{2}\\0&0&1&1&3&-2\end{array}\right],$$

故

$$\boldsymbol{A}^{-1}=\begin{bmatrix}1&1&-1\\-\frac{3}{2}&-3&\frac{5}{2}\\1&3&-2\end{bmatrix}.$$

例 5.3.4 设矩阵$\boldsymbol{A}=\begin{bmatrix}1&2\\-1&4\end{bmatrix}$,矩阵$\boldsymbol{B}=\begin{bmatrix}2&1\\1&2\end{bmatrix}$,且$\boldsymbol{AX}=\boldsymbol{B}$,求矩阵$\boldsymbol{X}$.

解 因为$\boldsymbol{AX}=\boldsymbol{B}$,所以$\boldsymbol{A}^{-1}\boldsymbol{AX}=\boldsymbol{EX}=\boldsymbol{X}=\boldsymbol{A}^{-1}\boldsymbol{B}$. 又因为

$$[\boldsymbol{A}\ \vdots\ \boldsymbol{E}]=\left[\begin{array}{cc:cc}1&2&1&0\\-1&4&0&1\end{array}\right]\xrightarrow{r_1+r_2}\left[\begin{array}{cc:cc}1&2&1&0\\0&6&1&1\end{array}\right]$$

$$\xrightarrow{\left(-\frac{1}{3}\right)r_2+r_1}\left[\begin{array}{cc:cc}1&0&\frac{2}{3}&-\frac{1}{3}\\0&6&1&1\end{array}\right]$$

$$\xrightarrow{\frac{1}{6}r_2}\left[\begin{array}{cc:cc}1&0&\frac{2}{3}&-\frac{1}{3}\\0&1&\frac{1}{6}&\frac{1}{6}\end{array}\right],$$

故

$$\boldsymbol{A}^{-1}=\begin{bmatrix}\frac{2}{3}&-\frac{1}{3}\\\frac{1}{6}&\frac{1}{6}\end{bmatrix}.$$

由此得

$$\boldsymbol{X}=\boldsymbol{A}^{-1}\boldsymbol{B}=\begin{bmatrix}\frac{2}{3}&-\frac{1}{3}\\\frac{1}{6}&\frac{1}{6}\end{bmatrix}\begin{bmatrix}2&1\\1&2\end{bmatrix}=\begin{bmatrix}1&0\\\frac{1}{2}&\frac{1}{2}\end{bmatrix}.$$

5.3.4　应用拓展

笔记

密码学是研究信息编码和解码的一门科学，矩阵密码法是一种常见的信息编码与解码的技巧，这里介绍利用逆矩阵对信息进行编码和解码的方法.

首先可以建立英文字母与数字之间的一一对应关系，比如 A—1, B—2，C—3，……，X—24，Y—25，Z—26，当然还可以建立“空格—27”“。—28”“！—29”等对应关系. 这样就可以将消息中的每一个字母或符号用对应的整数进行表示. 例如“action”这 6 个字母的单词就可以用下面的 6 个整数来表示：“1，3，20，9，15，14.”接着建立一个矩阵. 如果约定按列排列，那么这 6 个数就构成一个 3×2 的矩阵，记作

$$\boldsymbol{A}=\begin{bmatrix}1 & 9\\ 3 & 15\\ 20 & 14\end{bmatrix}.$$

但是根据数字出现的频率，借助计算机的高速运算，往往容易破解出数字所代表的字母，所以这种明文编码很容易被破译. 矩阵的乘法可以用来对其进行加密. 密码发送者和接收者之间可以事先约定一个可逆矩阵作为加密和解密矩阵，比如 $\boldsymbol{B}=\begin{bmatrix}1 & 1 & 1\\ 0 & 1 & 1\\ 0 & 0 & 1\end{bmatrix}$，那么经过加密后的信息就变成

$$\boldsymbol{BA}=\begin{bmatrix}1 & 1 & 1\\ 0 & 1 & 1\\ 0 & 0 & 1\end{bmatrix}\begin{bmatrix}1 & 9\\ 3 & 15\\ 20 & 14\end{bmatrix}=\begin{bmatrix}24 & 38\\ 23 & 29\\ 20 & 14\end{bmatrix}=\boldsymbol{C},$$

这时发出的消息就是数字：“24，23，20，38，29，14.”接收者接收到这组数字后，计算出约定的编码矩阵 $\boldsymbol{B}=\begin{bmatrix}1 & 1 & 1\\ 0 & 1 & 1\\ 0 & 0 & 1\end{bmatrix}$ 的逆矩阵 $\boldsymbol{B}^{-1}=\begin{bmatrix}1 & -1 & 0\\ 0 & 1 & -1\\ 0 & 0 & 1\end{bmatrix}$，再通过矩阵的乘法 $\boldsymbol{A}=\boldsymbol{B}^{-1}\boldsymbol{C}$ 就可以恢复成原来的信息了.

$$B^{-1}C=\begin{bmatrix}1&-1&0\\0&1&-1\\0&0&1\end{bmatrix}\begin{bmatrix}24&38\\23&29\\20&14\end{bmatrix}=\begin{bmatrix}1&9\\3&15\\20&14\end{bmatrix}=A.$$

能力训练 5.3

1. 用初等行变换求矩阵 $A=\begin{bmatrix}2&0&1\\1&-4&-1\\-1&8&3\end{bmatrix}$ 的逆矩阵 A^{-1}.

2. 求下列矩阵 X.

(1) $\begin{bmatrix}1&2\\3&-1\end{bmatrix}X=\begin{bmatrix}2&5\\1&3\end{bmatrix}$；

(2) $X\begin{bmatrix}2&-1\\1&0\end{bmatrix}=\begin{bmatrix}0&-2\\3&1\end{bmatrix}$；

(3) $\begin{bmatrix}3&2&1\\2&2&1\\3&3&1\end{bmatrix}X=\begin{bmatrix}4&3&2\\7&4&2\\7&1&3\end{bmatrix}$；

(4) $X\begin{bmatrix}1&0&1\\2&1&0\\1&-1&1\end{bmatrix}=\begin{bmatrix}2&4&5\\1&1&2\\3&6&8\end{bmatrix}$.

文本：能力训练 5.3
参考答案

5.4 线性方程组

5.4.1 高斯消元法

引例 求解一元二次方程组(**高斯消元法**)：

$$\begin{cases}x_1+3x_2=-1, & (1)\\ -2x_1-5x_2=1, & (2)\end{cases}\xrightarrow{(2)+(1)\times 2}\begin{cases}x_1+3x_2=-1, & (1)\\ x_2=-1, & (2)\end{cases}$$

$$\xrightarrow{(1)-(2)\times 3}\begin{cases}x_1=2,\\ x_2=-1,\end{cases}\text{(方程组有唯一解)}.$$

设系数矩阵 $A=\begin{bmatrix}1&3\\-2&-5\end{bmatrix}$，未知数矩阵 $X=\begin{bmatrix}x_1\\x_2\end{bmatrix}$，常数项矩阵 $B=\begin{bmatrix}-1\\1\end{bmatrix}$，即该方程组为

$$AX=B.$$

笔记

将上述的消元过程用矩阵的初等行变换表示如下：

$$\begin{bmatrix} 1 & 3 & \vdots & -1 \\ -2 & -5 & \vdots & 1 \end{bmatrix} \xrightarrow{r_2+2r_1} \begin{bmatrix} 1 & 3 & \vdots & -1 \\ 0 & 1 & \vdots & -1 \end{bmatrix}（阶梯形矩阵）$$

$$\xrightarrow{r_1-3r_2} \begin{bmatrix} 1 & 0 & \vdots & 2 \\ 0 & 1 & \vdots & -1 \end{bmatrix}（行最简阶梯形矩阵）$$

最后一个矩阵表示的含义为 $\begin{cases} x_1+0x_2=2, \\ 0x_1+x_2=-1, \end{cases}$ 即该方程组的解为 $\begin{cases} x_1=2, \\ x_2=-1. \end{cases}$

5.4.2　线性方程组的矩阵形式

定义 5.4.1　一般地，将含有 n 个未知量、m 个方程式的线性方程组成的方程组

$$\begin{cases} a_{11}x_1+a_{12}x+\cdots+a_{1n}x_n=b_1, \\ a_{21}x_1+a_{22}x+\cdots+a_{2n}x_n=b_2, \\ \cdots\cdots\cdots\cdots \\ a_{m1}x_1+a_{m2}x_2+\cdots+a_{mn}x_n=b_m, \end{cases}$$

称为 n 元线性方程组. 其中 $a_{ij}(i=1,2,\cdots,m;j=1,2,\cdots,n)$ 是系数，$b_i(i=1,2,\cdots,m)$ 是已知数，$x_j(j=1,2,\cdots,n)$ 是未知数.

当方程组中的常数项 $b_i(i=1,2,\cdots,m)$ 不全为 0 时，称线性方程组为**非齐次线性方程组**.

当方程组中的常数项 $b_i(i=1,2,\cdots,m)$ 全为 0 时，称线性方程组为**齐次线性方程组**.

由矩阵的乘法运算，该线性方程组的矩阵表示为

$$\boldsymbol{AX}=\boldsymbol{B}$$

其中 $\boldsymbol{A}=\begin{bmatrix} a_{11} & a_{12} & \cdots & a_{1n} \\ a_{21} & a_{22} & \cdots & a_{2n} \\ \vdots & \vdots & & \vdots \\ a_{m1} & a_{m2} & \cdots & a_{mn} \end{bmatrix}$，$\boldsymbol{X}=\begin{bmatrix} x_1 \\ x_2 \\ \vdots \\ x_n \end{bmatrix}$，$\boldsymbol{B}=\begin{bmatrix} b_1 \\ b_2 \\ \vdots \\ b_m \end{bmatrix}$，

称 $\boldsymbol{A}$ 为方程组的系数矩阵，$\boldsymbol{X}$ 为未知数矩阵，$\boldsymbol{B}$ 为常数项矩阵.

笔记

5.4.3 线性方程组的求解

从引例中可以看出,在用消元法求解线性方程组时,实际上就是对方程组的系数矩阵和常数项矩阵施行初等行变换,然后将其化为行最简阶梯形矩阵.

定义 5.4.2 将系数矩阵 $\boldsymbol{A}$ 和常数矩阵 $\boldsymbol{B}$ 放在一起构成的矩阵

$$[A \,\vdots\, B]=\left[\begin{array}{cccc:c} a_{11} & a_{12} & \cdots & a_{1n} & b_1 \\ a_{21} & a_{22} & \cdots & a_{2n} & b_2 \\ \vdots & \vdots & & \vdots & \vdots \\ a_{m1} & a_{m2} & \cdots & a_{mn} & b_m \end{array}\right]$$

称为该线性方程组的**增广矩阵**,记作$\widetilde{\boldsymbol{A}}$.

可见,要求解线性方程组只须将增广矩阵化为行最简阶梯形矩阵.

定理 5.4.1 线性方程组 $\boldsymbol{AX}=\boldsymbol{B}$ 有解的充要条件是它的系数矩阵和增广矩阵的秩相等,即 $r(\boldsymbol{A})=r(\widetilde{\boldsymbol{A}})$,并且当 $r(\boldsymbol{A})=r(\widetilde{\boldsymbol{A}})=n$ 时,方程组有唯一解;当 $r(\boldsymbol{A})=r(\widetilde{\boldsymbol{A}})<n$ 时,方程组有无穷多解(含 $n-r$ 个自由未知量);当 $r(\boldsymbol{A})<r(\widetilde{\boldsymbol{A}})$ 时,方程组无解.

例 5.4.1 求解齐次线性方程组:

$$\begin{cases} x_1-x_2+x_3=0, \\ 3x_1-2x_2-x_3=0, \\ -2x_1+2x_2+3x_3=0. \end{cases}$$

解 对增广矩阵$\widetilde{\boldsymbol{A}}$ 施行初等行变换

$$\widetilde{\boldsymbol{A}}=\left[\begin{array}{ccc:c} 1 & -1 & 1 & 0 \\ 3 & -2 & -1 & 0 \\ -2 & 2 & 3 & 0 \end{array}\right] \xrightarrow[r_3+2r_1]{r_2-3r_1} \left[\begin{array}{ccc:c} 1 & -1 & 1 & 0 \\ 0 & 1 & -4 & 0 \\ 0 & 0 & 5 & 0 \end{array}\right] \text{(阶梯形矩阵)}.$$

此时,可以观察得到 $r(\boldsymbol{A})=r(\widetilde{\boldsymbol{A}})=3$,所以该齐次线性方程组必有唯一解,继续将阶梯形矩阵化为行最简阶梯形矩阵.

$$\left[\begin{array}{ccc:c} 1 & -1 & 1 & 0 \\ 0 & 1 & -4 & 0 \\ 0 & 0 & 5 & 0 \end{array}\right] \xrightarrow{\frac{1}{5}r_3} \left[\begin{array}{ccc:c} 1 & -1 & 1 & 0 \\ 0 & 1 & -4 & 0 \\ 0 & 0 & 1 & 0 \end{array}\right] \xrightarrow[r_1-r_3]{r_2+4r_3} \left[\begin{array}{ccc:c} 1 & -1 & 0 & 0 \\ 0 & 1 & 0 & 0 \\ 0 & 0 & 1 & 0 \end{array}\right]$$

笔记

$$\xrightarrow{r_1+r_2}\left[\begin{array}{ccc:c}1&0&0&0\\0&1&0&0\\0&0&1&0\end{array}\right]\text{(行最简阶梯形矩阵)},$$

则其表示的与原方程组等价的方程组为$\begin{cases}x_1=0,\\x_2=0,\\x_3=0,\end{cases}$该齐次线性方程组的唯一解为零解.

注意： 在齐次线性方程组中，当 $r(\mathbf{A})=r(\widetilde{\mathbf{A}})=n$ 时，该齐次线性方程组只有零解.

例 5.4.2　求解齐次线性方程组：

$$\begin{cases}x_1+x_2-3x_3=0,\\ \qquad x_2-\ x_3=0,\\x_1\qquad -2x_3=0.\end{cases}$$

解　对增广矩阵 $\widetilde{\mathbf{A}}$ 施行初等行变换

$$\widetilde{\mathbf{A}}=\left[\begin{array}{ccc:c}1&1&-3&0\\0&1&-1&0\\1&0&-2&0\end{array}\right]\xrightarrow{r_3-r_1}\left[\begin{array}{ccc:c}1&1&-3&0\\0&1&-1&0\\0&-1&1&0\end{array}\right]$$

$$\xrightarrow{r_3+r_2}\left[\begin{array}{ccc:c}1&1&-3&0\\0&1&-1&0\\0&0&0&0\end{array}\right]\text{(阶梯形矩阵)},$$

此时，可以观察得到 $r(\mathbf{A})=r(\widetilde{\mathbf{A}})<3$，所以该齐次线性方程组有无穷多解，继续将阶梯形矩阵化为行最简阶梯形矩阵，

$$\left[\begin{array}{ccc:c}1&1&-3&0\\0&1&-1&0\\0&0&0&0\end{array}\right]\xrightarrow{r_1-r_2}\left[\begin{array}{ccc:c}1&0&-2&0\\0&1&-1&0\\0&0&0&0\end{array}\right]\text{(行最简阶梯形矩阵)},$$

则其表示的与原方程组等价的方程组为 $\begin{cases}x_1-2x_3=0,\\x_2-x_3=0,\end{cases}$ 所以 $\begin{cases}x_1=2x_3,\\x_2=x_3,\end{cases}$ 即该齐次线性方程组有无穷多解. 该齐次线性方程组的解为

笔记

$$\begin{bmatrix} x_1 \\ x_2 \\ x_3 \end{bmatrix} = c\begin{bmatrix} 2 \\ 1 \\ 1 \end{bmatrix}\text{（其中 } c \text{ 为任意常数）}.$$

注意：在齐次线性方程组中，当 $r(\mathbf{A})=r(\widetilde{\mathbf{A}})<n$ 时，该齐次线性方程组有无穷多解.

例 5.4.3 求解非齐次线性方程组：

$$\begin{cases} 3x_1+2x_2+\ \ x_3=0, \\ \ \ x_1+2x_2+2x_3=1, \\ 3x_1+4x_2+3x_3=0. \end{cases}$$

解 对增广矩阵 $\widetilde{\mathbf{A}}$ 施行初等行变换

$$\widetilde{\mathbf{A}}=\left[\begin{array}{ccc:c} 3 & 2 & 1 & 0 \\ 1 & 2 & 2 & 1 \\ 3 & 4 & 3 & 0 \end{array}\right]\xrightarrow{r_1\leftrightarrow r_2}\left[\begin{array}{ccc:c} 1 & 2 & 2 & 1 \\ 3 & 2 & 1 & 0 \\ 3 & 4 & 3 & 0 \end{array}\right]$$

$$\xrightarrow[r_3-3r_1]{r_2-3r_1}\left[\begin{array}{ccc:c} 1 & 2 & 2 & 1 \\ 0 & -4 & -5 & -3 \\ 0 & -2 & -3 & -3 \end{array}\right]$$

$$\xrightarrow{r_2\leftrightarrow r_3}\left[\begin{array}{ccc:c} 1 & 2 & 2 & 1 \\ 0 & -2 & -3 & -3 \\ 0 & -4 & -5 & -3 \end{array}\right]$$

$$\xrightarrow{-\frac{1}{2}r_2}\left[\begin{array}{ccc:c} 1 & 2 & 2 & 1 \\ 0 & 1 & \frac{3}{2} & \frac{3}{2} \\ 0 & -4 & -5 & -3 \end{array}\right]$$

$$\xrightarrow{r_3+4r_2}\left[\begin{array}{ccc:c} 1 & 2 & 2 & 1 \\ 0 & 1 & \frac{3}{2} & \frac{3}{2} \\ 0 & 0 & 1 & 3 \end{array}\right]\text{（阶梯形矩阵）},$$

此时，可以观察得到 $r(\mathbf{A})=r(\widetilde{\mathbf{A}})=3$，所以该非齐次线性方程组必有唯一解，继续将阶梯形矩阵化为行最简阶梯形矩阵.

$$\left[\begin{array}{ccc:c} 1 & 2 & 2 & 1 \\ 0 & 1 & \frac{3}{2} & \frac{3}{2} \\ 0 & 0 & 1 & 3 \end{array}\right]\xrightarrow{r_1-2r_3}\left[\begin{array}{ccc:c} 1 & 0 & -1 & -2 \\ 0 & 1 & \frac{3}{2} & \frac{3}{2} \\ 0 & 0 & 1 & 3 \end{array}\right]$$

笔记

$$\xrightarrow[r_2-\frac{3}{2}r_3]{r_1+r_3}\left[\begin{array}{ccc|c}1&0&0&1\\0&1&0&-3\\0&0&1&3\end{array}\right]\text{（行最简阶梯形矩阵），}$$

则其表示与原方程组等价的方程组为$\begin{cases}x_1=1,\\x_2=-3,\\x_3=3,\end{cases}$即方程组有唯一解

$$\begin{cases}x_1=1,\\x_2=-3,\\x_3=3.\end{cases}$$

例 5.4.4　求解非齐次线性方程组：

$$\begin{cases}x_1-2x_2+2x_3-x_4=1,\\2x_1-4x_2+8x_3=2,\\-2x_1+4x_2-2x_3+3x_4=3,\\3x_1-6x_2-6x_4=4.\end{cases}$$

解　对增广矩阵$\widetilde{\boldsymbol{A}}$施行初等行变换

$$\widetilde{\boldsymbol{A}}=\left[\begin{array}{cccc|c}1&-2&2&-1&1\\2&-4&8&0&2\\-2&4&-2&3&3\\3&-6&0&-6&4\end{array}\right]$$

$$\xrightarrow[r_4-3r_1]{\substack{r_2-2r_1\\r_3+2r_1}}\left[\begin{array}{cccc|c}1&-2&2&-1&1\\0&0&4&2&0\\0&0&2&1&5\\0&0&-6&-3&1\end{array}\right]$$

$$\xrightarrow[r_4+3r_2]{\substack{\frac{1}{2}r_2\\r_3-r_2}}\left[\begin{array}{cccc|c}1&-2&2&-1&1\\0&0&2&1&0\\0&0&0&0&5\\0&0&0&0&1\end{array}\right]$$

$$\xrightarrow[r_4-r_3]{\frac{1}{5}r_3}\left[\begin{array}{cccc|c}1&-2&2&-1&1\\0&0&2&1&0\\0&0&0&0&1\\0&0&0&0&0\end{array}\right]\text{（阶梯形矩阵），}$$

笔记

$r(\boldsymbol{A})=2$，$r(\widetilde{\boldsymbol{A}})=3$，此非齐次线性方程组无解.

例 5.4.5 求解非齐次线性方程组：

$$\begin{cases}2x_1-x_2-x_3+x_4=2,\\ x_1+x_2-2x_3+x_4=4,\\ 4x_1-6x_2+2x_3-2x_4=4,\\ 3x_1+6x_2-9x_3+7x_4=9.\end{cases}$$

解 对增广矩阵$\widetilde{\boldsymbol{A}}$施行初等行变换

$$\widetilde{\boldsymbol{A}}=\left[\begin{array}{cccc:c}2&-1&-1&1&2\\1&1&-2&1&4\\4&-6&2&-2&4\\3&6&-9&7&9\end{array}\right]$$

$$\xrightarrow{r_1\leftrightarrow r_2}\left[\begin{array}{cccc:c}1&1&-2&1&4\\2&-1&-1&1&2\\4&-6&2&-2&4\\3&6&-9&7&9\end{array}\right]$$

$$\xrightarrow[r_4-3r_1]{\substack{r_2-2r_1\\ r_3-4r_1}}\left[\begin{array}{cccc:c}1&1&-2&1&4\\0&-3&3&-1&-6\\0&-10&10&-6&-12\\0&3&-3&4&-3\end{array}\right]$$

$$\xrightarrow{-\frac{1}{3}r_2}\left[\begin{array}{cccc:c}1&1&-2&1&4\\0&1&-1&\frac{1}{3}&2\\0&-10&10&-6&-12\\0&3&3&4&-3\end{array}\right]$$

$$\xrightarrow[r_4-3r_2]{r_3+10r_2}\left[\begin{array}{cccc:c}1&1&-2&1&4\\0&1&-1&\frac{1}{3}&2\\0&0&0&-\frac{8}{3}&8\\0&0&0&3&-9\end{array}\right]$$

笔记

$$\xrightarrow{-\frac{3}{8}r_3}\left[\begin{array}{cccc:c}1 & 1 & -2 & 1 & 4\\0 & 1 & -1 & \frac{1}{3} & 2\\0 & 0 & 0 & 1 & -3\\0 & 0 & 0 & 3 & -9\end{array}\right]$$

$$\xrightarrow{r_4-3r_3}\left[\begin{array}{cccc:c}1 & 1 & -2 & 1 & 4\\0 & 1 & -1 & \frac{1}{3} & 2\\0 & 0 & 0 & 1 & -3\\0 & 0 & 0 & 0 & 0\end{array}\right]$$

$$\xrightarrow[r_2-\frac{1}{3}r_3]{\substack{r_1-r_2\\ r_1-\frac{2}{3}r_3}}\left[\begin{array}{cccc:c}1 & 0 & -1 & 0 & 4\\0 & 1 & -1 & 0 & 3\\0 & 0 & 0 & 1 & -3\\0 & 0 & 0 & 0 & 0\end{array}\right].$$

因为 $r(\mathbf{A})=r(\widetilde{\mathbf{A}})=3<4$，该线性方程组有无穷多解，为

$$\begin{bmatrix}x_1\\x_2\\x_3\\x_4\end{bmatrix}=c\begin{bmatrix}1\\1\\1\\0\end{bmatrix}+\begin{bmatrix}4\\3\\0\\-3\end{bmatrix}\text{（其中 } c \text{ 为任意常数）}.$$

例 5.4.6　当 a、b 为何值时，线性方程组

$$\begin{cases}x_1+4x_2-ax_3=b,\\x_1+3x_2+\ x_3=0,\\3x_1+8x_2+3x_3=-1,\end{cases}$$

有唯一解、无穷多解或无解？

解　对增广矩阵 $\widetilde{\mathbf{A}}$ 施行初等行变换

$$\widetilde{\mathbf{A}}=\left[\begin{array}{ccc:c}1 & 4 & -a & b\\1 & 3 & 1 & 0\\3 & 8 & 3 & -1\end{array}\right]\rightarrow\left[\begin{array}{ccc:c}1 & 4 & -a & b\\0 & -1 & 1+a & -b\\0 & -4 & 3(1+a) & -3b-1\end{array}\right]$$

$$\rightarrow\left[\begin{array}{ccc:c}1 & 4 & -a & b\\0 & 1 & -1-a & b\\0 & 0 & 1+a & -b+1\end{array}\right]\rightarrow\left[\begin{array}{ccc:c}1 & 0 & 4+3a & -3b\\0 & 1 & -1-a & b\\0 & 0 & 1+a & -b+1\end{array}\right]$$

$$\rightarrow \left[\begin{array}{ccc|c} 1 & 0 & 3+2a & -2b-1 \\ 0 & 1 & 0 & 1 \\ 0 & 0 & 1+a & -b+1 \end{array}\right],$$

(1) 当 $a \neq 1$，$r(\mathbf{A}) = r(\widetilde{\mathbf{A}}) = 3$，方程组有唯一解.

(2) 当 $a = -1$ 且 $b = 1$，$r(\mathbf{A}) = r(\widetilde{\mathbf{A}}) = 2 < 3$，方程组有无穷多解.

(3) 当 $a = -1$ 且 $b \neq 1$，$r(\mathbf{A}) < r(\widetilde{\mathbf{A}})$，方程组无解.

能力训练 5.4

1. 求解非齐次线性方程组

$$\begin{cases} x_1 - 2x_2 + 2x_3 + 2x_4 = 3, \\ -2x_1 - x_2 + x_3 + 3x_4 = 1, \\ -x_1 - 3x_2 + 3x_3 + 5x_4 = 2. \end{cases}$$

2. 求解非齐次线性方程组

$$\begin{cases} 2x_1 + x_3 = 2, \\ x_1 - 4x_2 - x_3 = 0, \\ -x_1 + 8x_2 + 3x_3 = 4. \end{cases}$$

3. 求解非齐次线性方程组

$$\begin{cases} x_1 + x_2 - 3x_3 - x_4 = 1, \\ 3x_1 - x_2 - 3x_3 + 4x_4 = 4, \\ x_1 + 5x_2 - 9x_3 - 8x_4 = 0. \end{cases}$$

4. 当 k 取何值时，线性方程组

$$\begin{cases} x_1 + x_2 + 3x_3 = k - 1, \\ x_1 + x_2 + kx_3 = 2, \\ 2x_1 + 3x_2 - x_3 = 1 \end{cases}$$

有解？并求解.

文本：能力训练 5.4
参考答案

5. 求解下列齐次线性方程组.

(1) $\begin{cases} x_1 - x_2 + 4x_3 = 0, \\ x_1 - x_2 - x_3 = 0, \\ 3x_1 + x_2 + 7x_3 = 0, \\ x_1 - 3x_2 - 12x_3 = 0; \end{cases}$
(2) $\begin{cases} x_1 + x_2 + x_3 = 0, \\ 2x_1 + x_2 + x_3 = 0, \\ x_1 + 2x_2 + 2x_3 = 0. \end{cases}$

习题五

1. 选择题.

(1) 设 $\boldsymbol{A}$ 是 2×2 矩阵，$\boldsymbol{B}$ 是 2×3 矩阵，则下列可以进行运算的是(　　).

A. $\boldsymbol{A}+\boldsymbol{B}$　　B. $\boldsymbol{A}-\boldsymbol{B}$　　C. $\boldsymbol{AB}$　　D. $\boldsymbol{AB}-\boldsymbol{BA}$

(2) 设 $\boldsymbol{A}$ 是 n 阶方阵，则下列结论中正确的是(　　).

A. $(k\boldsymbol{A})^{\mathrm{T}}=k^{\mathrm{T}}\boldsymbol{A}^{\mathrm{T}}$　　B. $(\boldsymbol{A}^{-1})^{\mathrm{T}}=(\boldsymbol{A}^{\mathrm{T}})^{-1}$

C. $(k\boldsymbol{A})^{-1}=k\boldsymbol{A}^{-1}$　　D. $(\boldsymbol{AB})^{-1}=\boldsymbol{A}^{-1}\boldsymbol{B}^{-1}$

(3) 下列矩阵中，(　　)是阶梯形矩阵.

A. $\begin{bmatrix}1&2&3&4\\0&0&5&6\\0&7&8&9\end{bmatrix}$　　B. $\begin{bmatrix}1&2&3&4\\0&0&5&6\\0&0&8&9\end{bmatrix}$

C. $\begin{bmatrix}1&2&3&4\\0&0&5&6\\0&0&0&0\end{bmatrix}$　　D. $\begin{bmatrix}1&2&3&4\\0&0&0&0\\0&0&5&6\end{bmatrix}$

(4) 下列矩阵中，(　　)是行最简阶梯形矩阵.

A. $\begin{bmatrix}1&2&3&4\\0&0&5&6\\0&0&0&1\end{bmatrix}$　　B. $\begin{bmatrix}1&2&3&4\\0&0&1&0\\0&0&0&1\end{bmatrix}$

C. $\begin{bmatrix}1&2&0&0\\0&0&0&1\\0&0&0&0\end{bmatrix}$　　D. $\begin{bmatrix}1&2&1&0\\0&0&0&0\\0&0&0&1\end{bmatrix}$

(5) 设 $\boldsymbol{A},\boldsymbol{B},\boldsymbol{C}$ 为同阶可逆方阵，且 $\boldsymbol{ABC}=\boldsymbol{E}$，则下列等式成立的是(　　).

A. $\boldsymbol{ACB}=\boldsymbol{E}$　　B. $\boldsymbol{BCA}=\boldsymbol{E}$　　C. $\boldsymbol{CBA}=\boldsymbol{E}$　　D. $\boldsymbol{BAC}=\boldsymbol{E}$

2. 计算题.

(1) $\begin{bmatrix}1&2\\0&1\end{bmatrix}-\begin{bmatrix}3&0\\2&-2\end{bmatrix}$;

(2) $\begin{bmatrix}-2&0&1\\2&-3&4\end{bmatrix}+\begin{bmatrix}1&5&2\\-4&0&-1\end{bmatrix}$;

(3) $-2\begin{bmatrix}1&0\\0&1\end{bmatrix}+4\begin{bmatrix}0&-1\\1&0\end{bmatrix}+6\begin{bmatrix}-1&1\\1&1\end{bmatrix}$.

3. 设矩阵 $\boldsymbol{A}=\begin{bmatrix}1&2&1&2\\2&1&2&1\\4&3&2&1\end{bmatrix}$，$\boldsymbol{B}=\begin{bmatrix}1&2&3&4\\-2&1&-2&1\\-1&0&-1&0\end{bmatrix}$.

(1) 求 $2\boldsymbol{A}-3\boldsymbol{B}$，$3\boldsymbol{A}+2\boldsymbol{B}$；

(2) 若矩阵 $\boldsymbol{X}$ 满足 $\boldsymbol{A}+2\boldsymbol{X}=\boldsymbol{B}$，求矩阵 $\boldsymbol{X}$；

(3) 若矩阵 $\boldsymbol{Y}$ 满足 $(2\boldsymbol{A}-\boldsymbol{Y})+2(\boldsymbol{B}-\boldsymbol{Y})=\boldsymbol{O}$，求矩阵 $\boldsymbol{Y}$.

4. 设矩阵 $\boldsymbol{A}=\begin{bmatrix}x&0\\7&y\end{bmatrix}$，$\boldsymbol{B}=\begin{bmatrix}u&v\\y&2\end{bmatrix}$，$\boldsymbol{C}=\begin{bmatrix}3&-4\\x&v\end{bmatrix}$，且 $\boldsymbol{A}+2\boldsymbol{B}-\boldsymbol{C}=\boldsymbol{O}$，求 x，y，u，v 的值.

5. 设矩阵 $\boldsymbol{A}=\begin{bmatrix}1&0\\2&1\end{bmatrix}$，$\boldsymbol{B}=\begin{bmatrix}1&1\\3&0\end{bmatrix}$，$\boldsymbol{C}=\begin{bmatrix}-1&0\\1&-1\end{bmatrix}$，且 $a\boldsymbol{A}+b\boldsymbol{B}+c\boldsymbol{C}=\boldsymbol{E}$，求 a，b，c 的值.

6. 计算题.

(1) $\begin{bmatrix}1\\2\\3\end{bmatrix}(1\quad -2\quad 3)$；　　(2) $\begin{bmatrix}3&-2\\-4&5\end{bmatrix}\begin{bmatrix}2&0\\1&-1\end{bmatrix}$；

(3) $(-1\quad 3)\begin{bmatrix}3\\-1\end{bmatrix}$；　　(4) $\begin{bmatrix}1&0&1\\0&1&0\end{bmatrix}\begin{bmatrix}3&1\\1&5\\0&6\end{bmatrix}$；

(5) $\begin{bmatrix}1&2&3\\2&2&1\\3&6&9\end{bmatrix}\begin{bmatrix}-1&-2&-4\\1&2&2\\1&2&4\end{bmatrix}$.

7. 判断下列矩阵是否可逆，若可逆，求逆矩阵.

(1) $\begin{bmatrix}1&-1\\-1&1\end{bmatrix}$；　　(2) $\begin{bmatrix}0&2\\1&2\end{bmatrix}$；

(3) $\begin{bmatrix}1&1&-1\\2&1&0\\1&-1&1\end{bmatrix}$；　　(4) $\begin{bmatrix}1&1&1\\-2&1&1\\1&1&-1\end{bmatrix}$.

8. 解下列矩阵方程，求出未知矩阵 $\boldsymbol{X}$.

(1) $\begin{bmatrix}2&5\\1&3\end{bmatrix}\boldsymbol{X}=\begin{bmatrix}4&-6\\2&1\end{bmatrix}$；

(2) $\boldsymbol{X}\begin{bmatrix}-1&1\\2&0\end{bmatrix}=\begin{bmatrix}2&4\\1&3\end{bmatrix}$；

(3) $\begin{bmatrix} 1 & 1 & -1 \\ -1 & 0 & 1 \\ 1 & 1 & 1 \end{bmatrix} \boldsymbol{X} = \begin{bmatrix} 2 \\ 3 \\ 6 \end{bmatrix}$.

9. 求下列矩阵的秩.

(1) $\begin{bmatrix} 1 & 2 & 3 & 4 \\ 1 & -2 & 4 & 5 \\ 1 & 10 & 1 & 2 \end{bmatrix}$；　　(2) $\begin{bmatrix} 1 & 0 & 1 \\ 1 & 1 & -1 \\ 0 & 2 & -5 \end{bmatrix}$；

(3) $\begin{bmatrix} 3 & 0 & 1 \\ 1 & 1 & 0 \\ 0 & 1 & 4 \end{bmatrix}$；　　(4) $\begin{bmatrix} 0 & 1 & 0 & 2 \\ 1 & 0 & 3 & 2 \\ -1 & 5 & -3 & 1 \\ 2 & 4 & 1 & 0 \end{bmatrix}$.

10. 已知齐次线性方程组 $\begin{cases} 4x_1 + (k-1)x_2 = 0, \\ (k+1)x_1 + 2x_2 = 0 \end{cases}$（其中 k 为实数）只有零解，求 k 值.

11. 当 a，b 取何值时，线性方程组 $\begin{cases} x_1 + x_2 + ax_3 = 3, \\ x_1 + x_2 + x_3 = b, \\ x_1 + 2x_2 + x_3 = 4, \end{cases}$ (1) 无解？(2) 有唯一解？(3) 有无穷多解？有解时请求出解.

文本：习题五参考答案

第6章 图 论

笔记

图论最早被数学家们当作一种智力游戏，用于解决一些著名的特殊问题，比如迷宫问题、四色问题、棋盘山马的路线问题等，但是，随着图论的应用与发展，图论成为了一种分析处理问题的重要的数学方法之一. 图论是数学的一个重要知识分支，在计算机科学、物理学、运筹学、信息论、网络通信等诸多领域有着越来越广泛的应用. 本章主要介绍图的基本概念、图的表示、欧拉图等图论基础知识.

6.1 图的基本概念

6.1.1 图

图论的起源可以追溯到18世纪，比如著名的柯尼斯堡七桥问题. 柯尼斯堡城位于当时东普鲁士的普雷格尔河畔，河中有两个岛，通过七座桥彼此相连，如图6-1-1所示.

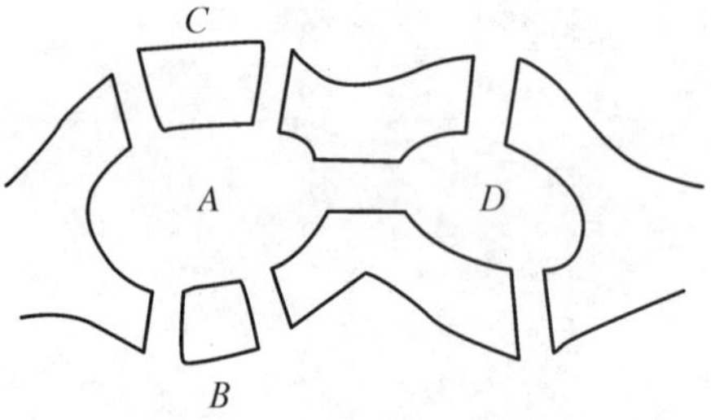

图6-1-1

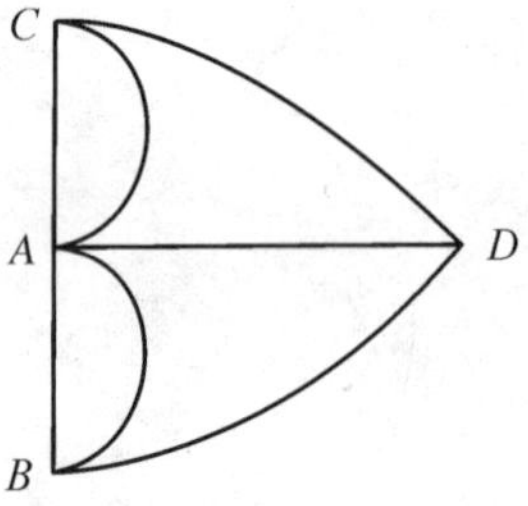

图6-1-2

当时城中的居民热衷于这样一个问题：如果人们从A、B、C、D四片陆地（或岛屿）中的任一一处出发，沿什么样的路线可以做到通过每座桥一次后回到原地？

这个看似简单的问题却没有人能够解决. 1736年，著名数学家欧拉仔细研究了这个问题，并用一个抽象图形来描述这个问题：他将陆地和岛屿表示成A、B、C、D四个点，而将连接它们的七座桥梁表示成七条弧线，如图6-1-2所示，于是问题就转化成了：从图中任意一点出发，通过每条边一次后返回原地的路径是否存在？在此基础上，欧拉找到了存在这样一条回路的充要条件，并得出柯尼斯堡七桥问题

笔记

无解的结论.

定义 6.1.1　图 G 是由非空点的集合 $V=\{v_1, v_2, \cdots, v_n\}$ 以及连接某些点的边的集合 $E=\{e_1, e_2, \cdots, e_m\}$ 所组成的图形,记作图 $G=\langle V, E\rangle$. 图中的点称为顶点,或简称点,在图中通常用一个圆点表示. 连接点与点之间的线段或曲线段称为边,也可称为弧. 每条边可用一个结点对表示,即 $e_i=(v_{i1}, v_{i2})$. 具有 n 个点, m 条边的图称为 (n, m)图.

在图中,一般一条边的两个顶点是不同的,若某一条边的两个顶点相同,则把这条边称为**环**. 若两点之间有多条边,则把这些边称为**平行边**.

如图 6-1-3 所示, e_1 是环, e_3、e_4 是平行边,如图 6-1-4 所示, e_3 是环, e_5、e_6 是平行边.

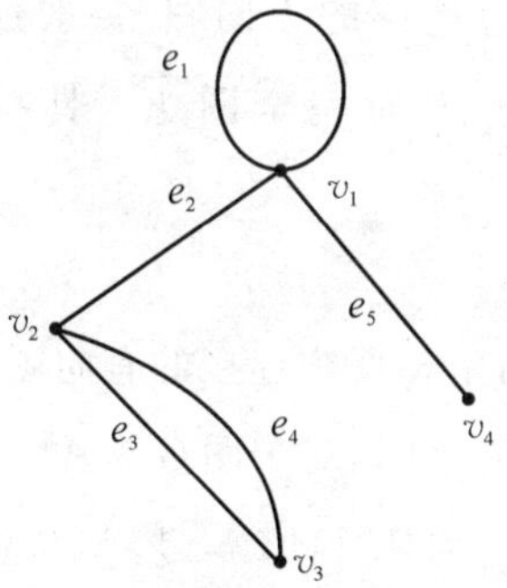

图 6-1-3

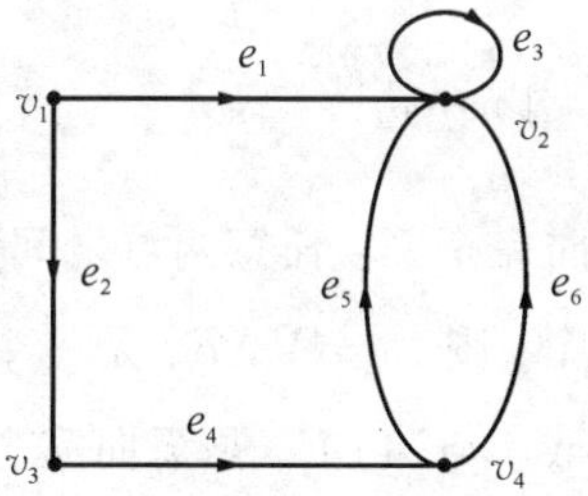

图 6-1-4

定义 6.1.2　若结点 v 是边 e 的一个端点,则称结点 v 与边 e **相关联**. 若结点 v_i 与结点 v_j 之间有一条共同的边,则称结点 v_i 与结点 v_j 是**邻接点**. 若边 e_i 与边 e_j 有一个共同的结点,则称边 e_i 与边 e_j 是**邻接边**.

如图 6-1-3 所示,可以称点 v_1 与边 e_2 是相关联的,点 v_1 与点 v_4 是邻接点, e_2 与 e_5 是邻接边.

定义 6.1.3　给定图 $G=\langle V, E\rangle$,如果图 G 的所有边都是没有方向的,则称图 $G=\langle V, E\rangle$ 是无向图,并称其边为无向边. 如果图 G 的所有边都是有方向的,则称图 $G=\langle V, E\rangle$ 是有向图,并称其边为有向边. 如果图 G 既有有向边又有无向边,则称图 $G=\langle V, E\rangle$ 是混合图.

图 6-1-3 是无向图,边(v_1, v_2)与边(v_2, v_1)具有相同含义,也就是说结点对(v_{i1}, v_{i2})与次序无关. 图 6-1-4 是有向图,此时边(v_1, v_2)与边(v_2, v_1)具有不相同的含义,即结点对(v_{i1}, v_{i2})与次序

笔记

有关.一般来说,有向边需在边上加箭头来表示方向,而无向边则不需要.

下面给出部分常见的图的描述:

零图:没有任何边的图.

多重图:带有平行边的图.

平凡图:只有一个点的图.

简单图:不带环与平行边的图.

子图:图 $G=\langle V, E\rangle$ 与图 $G'=\langle V', E'\rangle$ 之间如果存在 $V'\subseteq V$ 并且 $E'\subseteq E$,则称图 G' 是图 G 的子图.如果 $V'\subsetneqq V$ 并且 $E'\subsetneqq E$,则称图 G' 是图 G 的真子图.

生成子图:图 $G=\langle V, E\rangle$ 与图 $G'=\langle V', E'\rangle$ 之间如果有 $V'=V$ 并且 $E'\subseteq E$,则称图 G' 是图 G 的生成子图.

无向完全图:任意两点之间都有边连接的无向图.一般地,有 n 个点的完全图用 K_n 表示,容易证明,无向完全图 K_n 具有 $C_n^2=\frac{1}{2}n(n-1)$ 条边.

有向完全图:任意两点之间都有两条相反边连接的有向图.

补图:图 $G=\langle V, E\rangle$ 是一个无向简单图,对于图 $\bar{G}=\langle V, \bar{E}\rangle$,如果 $G'=\langle V, E\cup\bar{E}\rangle$ 是无向完全图 K_n,且 $E\cap\bar{E}=\varnothing$,则称图 $\bar{G}$ 是图 G 的补图.

带权图:在图中边的旁边附加一些表示该边某些特征的数字,这些数字就叫作该边的权,此边就称为带权边.具有带权边的图就称为带权图.

例 6.1.1 请对图 6-1-5～图 6-1-10 所示的各图进行描述.

图 6-1-5 是零图,图 6-1-6 是无向图、多重图、带权图,图 6-1-7 是混合图,图 6-1-8 是无向完全图、简单图,图 6-1-9 是图

图 6-1-5

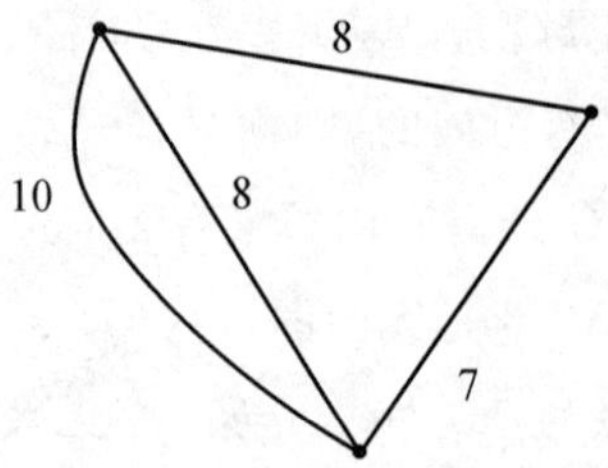

图 6-1-6

笔记

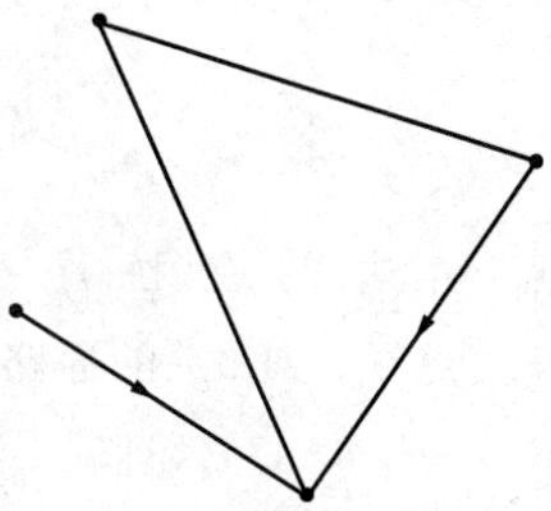

图 6-1-7

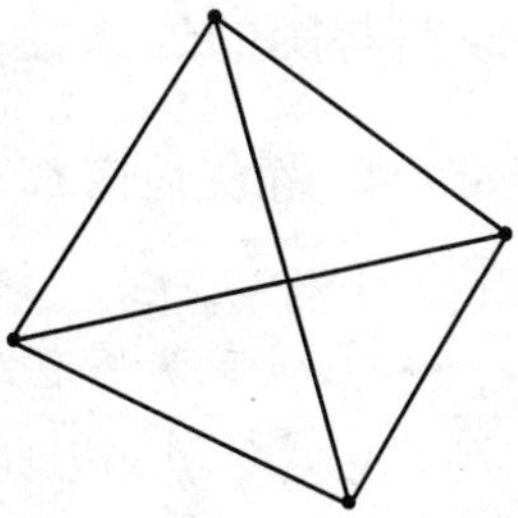

图 6-1-8

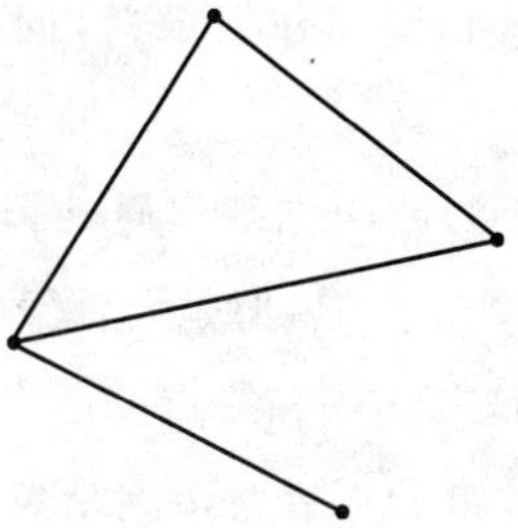

图 6-1-9

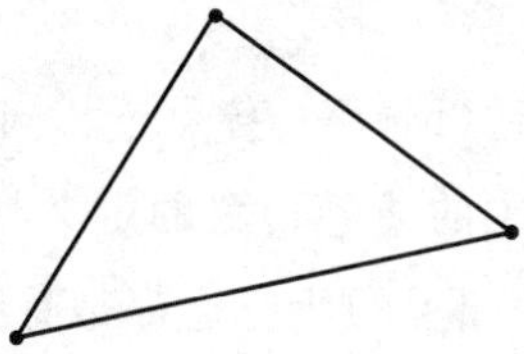

图 6-1-10

6-1-8 的生成子图、简单图、无向图，图 6-1-10 是图 6-1-8 的真子图、简单图、无向图.

6.1.2 图的度数

定义 6.1.3 若图 $G=\langle V, E\rangle$ 为无向图，点 v 是无向图 G 中的结点，所有与点 v 相关联的边数称为结点 v 的度数，记作 $d(v)$. 若图 $G=\langle V, E\rangle$ 为有向图，以点 v 为起点的边数称为结点 v 的出度，记作 $d^+(v)$，以点 v 为终点的边数称为结点 v 的入度，记为 $d^-(v)$.

度数为零的点称为**孤立点**.

注意： 若一个顶点的关联边中有环，在计算该点的度数时环要计两条边.

定理 6.1.1(握手定理) 若图 $G=\langle V, E\rangle$ 是一个 (n, m) 的无向图，结点集合为 $V=\{v_1, v_2, \cdots, v_n\}$，则

$$\sum_{i=1}^{n} d(v_i)=2m.$$

对于有向图，每条边都为与之相关联的结点提供一个出度和一个入度，所以有

$$\sum_{i=1}^{n} d^+(v_i)=\sum_{i=1}^{n} d^-(v_i)=m.$$

笔记

6.1.3 通路与图的连通性

定义 6.1.4 在无向图 $G=\langle V, E\rangle$ 中，$V=\{v_1, v_2, \cdots, v_n\}$，$E=\{e_1, e_2, \cdots, e_m\}$，将顶点和边的交替序列 $\Gamma=v_{r_0}e_{j_1}v_{r_1}e_{j_2}\cdots e_{j_s}v_{r_s}$ 称为长度为 s 的连接点 v_{r_0} 到 v_{r_s} 的通路，其中点 $v_{r_0}, v_{r_1}, \cdots, v_{r_s}\in V$，边(或弧)$e_{j_1}, e_{j_2}, \cdots, e_{j_s}\in E$，且 e_{j_t} 关联于结点 $v_{r_{t-1}}$ 和 v_{r_t}. 并称点 v_{r_0} 为该通路的起点，点 v_{r_s} 为该通路的终点. 当起点和终点相同时，即 $v_{r_0}=v_{r_s}$，则称该通路为回路.

简单通(回)路：各边不相同的通(回)路叫作简单通(回)路，否则称为复杂通(回)路.

基本通(回)路：各点不相同的通(回)路叫作基本通(回)路.

有向图的通(回)路的定义与无向图的类似，但是要注意在有向图中，通(回)路上的所有边都是有向边，是有起点和终点的.

定义 6.1.5 在图 $G=\langle V, E\rangle$ 中，如果从结点 u 到结点 v 至少存在一条通路，则称结点 u 到结点 v 是可达的，并将从结点 u 到结点 v 的所有通路中长度最短的一条称为结点 u 到结点 v 的距离，记作 $d\langle u, v\rangle$.

定理 6.1.2 在一个(n, m)图中，任何基本通路的长度均不大于 $n-1$，任何基本回路的长度均不大于 n.

定义 6.1.6 在无向图 $G=\langle V, E\rangle$ 中，若其每对顶点之间至少有一条通路，则称图 G 是连通图，否则称图 G 是非连通图.

定义 6.1.7 在有向图 $G=\langle V, E\rangle$ 中，若其每对顶点彼此之间至少存在一条通路，则称图 G 是强连通图；若其每对顶点彼此之间至少存在一个方向的通路，则称图 G 是单向连通图.

由定义可以得到一个结论：强连通图必是单向连通图，但是单向连通图未必是强连通图.

例 6.1.2 指出图 6-1-11 和图 6-1-12 所示的有向图的连通性，并说明原因.

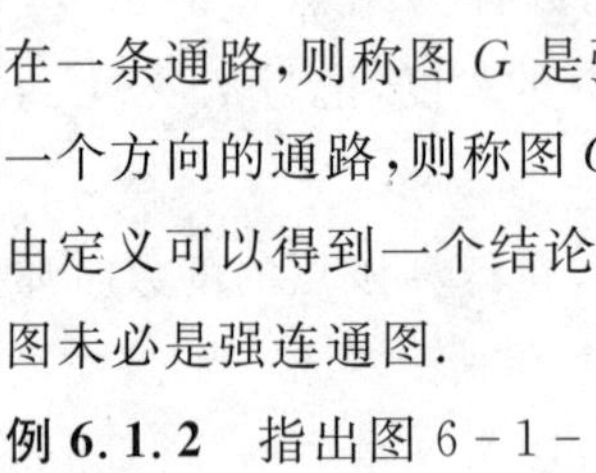

图 6-1-11

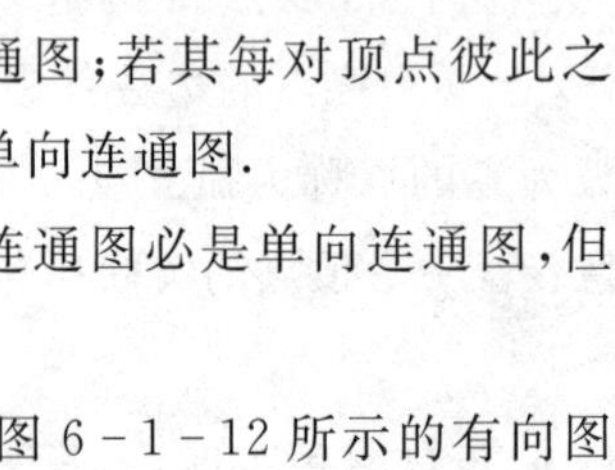

图 6-1-12

解 图 6－1－11 所示是强连通图，因为该图中的任意一对顶点彼此之间都至少有一条通路，比如 v_1 可以到 v_4，v_4 也可以到 v_1；v_2 可以到 v_3，v_3 也可以到 v_2……图 6－1－12 所示是单向连通图，因为该图中的任意一对顶点彼此之间只存在一个方向的通路，比如 v_1 可以到 v_2，v_2 却不能到 v_1；v_4 可以到 v_3，v_3 却不能到 v_4……

例 6.1.3 写出无向图 6－1－13 中点 v_2 到 v_4 的所有通路.

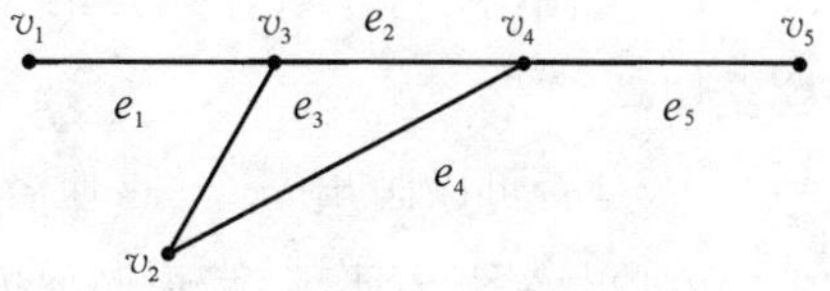

图 6－1－13

解 $\Gamma_1 = v_2 e_4 v_4$ 是一条长度为 1 的通路，

$\Gamma_2 = v_2 e_3 v_3 e_2 v_4$ 是一条长度为 2 的通路.

6.1.4 应用拓展

例 6.1.4 某仓库要存放 7 种化学药品，分别用 v_1，v_2，…，v_7 表示，因为某些化学药品相互之间会产生化学反应，因此不能将它们在一起堆放，其中要发生反应的化学药品有(v_1，v_2)、(v_1，v_4)、(v_2，v_3)、(v_2，v_5)、(v_2，v_7)、(v_3，v_4)、(v_3，v_6)、(v_4，v_5)、(v_4，v_7)、(v_5，v_6)、(v_5，v_7)、(v_6，v_7)，那么该如何对仓库进行分区，使各区之间互相隔离并且最节约空间？

解 先把各种化学药品作为结点，则其集合为 $V=\{v_1, v_2, \cdots, v_7\}$，然后把相互之间会发生化学反应的化学药品用边连接起来，就构成一个图，如图 6－1－14 所示.

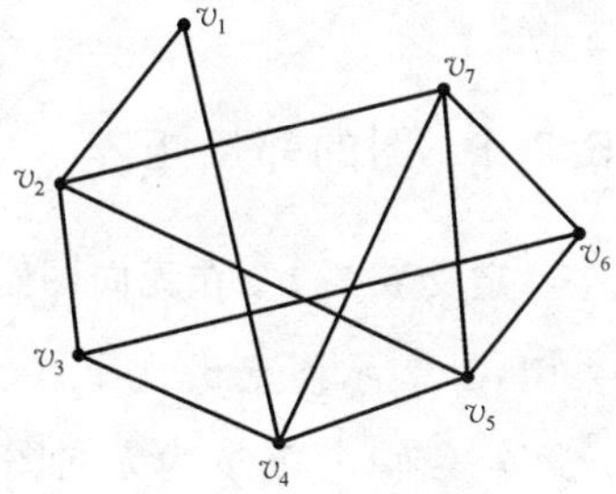

图 6－1－14

如果要想将仓库分成若干个隔离区，根据题意，图中各边的两个结点表示不能存放在一起的化学药品，我们用 A，B，C，…表示隔离区的代号，则如果 v_1 存放在 A 区，那么 v_2、v_4 不能存放在 A 区，且 v_2、v_4 没有关联边，所以它们可以存放在同一隔离区，如果 v_2 在 B 区，那么 v_3、v_5、v_7 不能在 B 区……因此，整理得到每个隔离区能够存放的化学药品如下：

A 区：v_1、v_5、v_3；

B 区：v_2、v_4、v_6；

C 区：v_7.

能力训练 6.1

1. 画出下面集合所表示的图.

(1) 无向图 $G=\langle V, E\rangle$, $V=\{v_1, v_2, v_3, v_4, v_5\}$,

$E=\{(v_1, v_2), (v_1, v_3), (v_2, v_4), (v_3, v_5)\}$;

(2) 有向图 $D=\langle V, E\rangle$, $V=\{v_1, v_2, v_3, v_4, v_5\}$,

$E=\{(v_1, v_2), (v_2, v_3), (v_2, v_4), (v_3, v_5), (v_5, v_3)\}$.

2. 请画出一个有 4 个结点的无向完全图以及有 3 个结点的有向完全图.

3. 是否可以画出一个图,使各点的度数与对应的序列一致? 若能,请画出该图,若不能,请说明原因.

(1) 3, 3, 3, 3, 3, 3;

(2) 2, 2, 3, 2, 3, 3;

(3) 1, 2, 3, 4, 5, 5.

文本:能力训练 6.1 参考答案

4. 有七个人在一起打乒乓球,已知他们每人至少和其中的另外三人各打过一场球,则一定有一个人不止和三个人打过球,请用图论的方法解释原因.

6.2 图的矩阵表示方法

在计算机科学中,如何才能将图的数据信息存储起来呢? 我们知道,计算机在存储数据时常会用到二维数组,下面介绍最常见的利用二维数组表示图的方法——图的邻接矩阵和图的关联矩阵.

6.2.1 图的邻接矩阵

定义 6.2.1 在无向图 $G=\langle V, E\rangle$ 中, $V=\{v_1, v_2, \cdots, v_n\}$, 如果用 a_{ij} 表示顶点 v_i 与 v_j $(i, j=1, 2, 3, \cdots, n)$ 之间的边数,则称 $n\times n$ 矩阵 $(a_{ij})_{n\times n}$ 为无向图 G 的邻接矩阵,记作 $\boldsymbol{A}(G)=(a_{ij})_{n\times n}$.

例 6.2.1 请写出图 6-2-1 所示的无向图 G 的邻接矩阵.

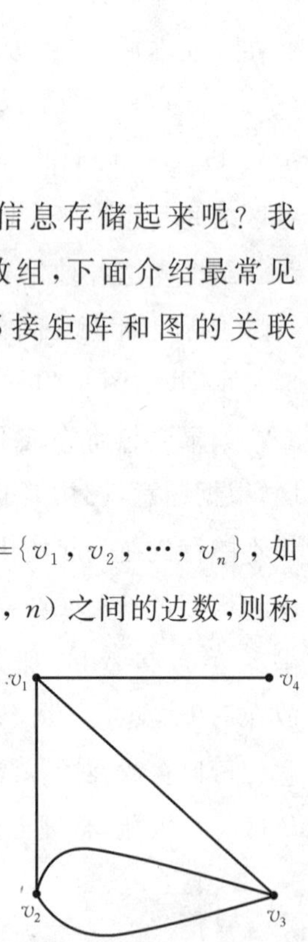

图 6-2-1

解 根据邻接矩阵的定义,无向图 $G=\langle V, E\rangle$,

$V=\{v_1, v_2, v_3, v_4\}$, 则

笔记

$$A(G)=(a_{ij})_{4\times4}=\begin{bmatrix}0&1&1&1\\1&0&2&0\\1&2&0&0\\1&0&0&0\end{bmatrix}.$$

例 6.2.2 已知无向图的邻接矩阵 $A(G)=\begin{bmatrix}2&1&2\\1&0&1\\2&1&0\end{bmatrix}$，请画出对应的无向图.

解 根据邻接矩阵的定义,该无向图 $G=\langle V, E\rangle$ 有三个顶点,其中点 v_1 有环,如图 6-2-2 所示.

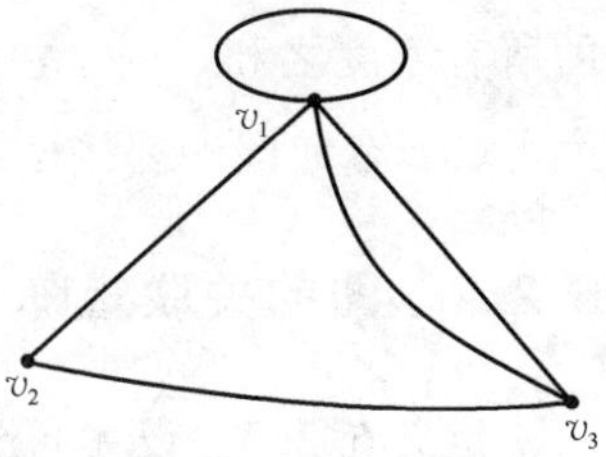

图 6-2-2

通过例 6.2.1 与例 6.2.2,不难发现无向图的邻接矩阵的特征如下.

(1) 无向图的邻接矩阵是一个对称矩阵;

(2) 无向图的邻接矩阵的所有元素之和等于该无向图所有顶点的总度数之和,也就是说等于边数的两倍.

定义 6.2.2 在有向图 $D=\langle V, E\rangle$ 中，$V=\{v_1, v_2, \cdots, v_n\}$，如果用 a_{ij} 表示以顶点 v_i 为起点,以 v_j 为终点($i, j=1, 2, 3, \cdots, n$)的有向边的条数,则称 $n\times n$ 矩阵$(a_{ij})_{n\times n}$ 为有向图 D 的邻接矩阵,记作 $A(D)=(a_{ij})_{n\times n}$.

例 6.2.3 请写出图 6-2-3 所示的有向图 D 的邻接矩阵.

解 根据邻接矩阵的定义,有向图 $D=\langle V, E\rangle$，

$V=\{v_1, v_2, v_3, v_4\}$，则

$$A(D)=(a_{ij})_{4\times4}=\begin{bmatrix}0&1&0&1\\0&0&1&1\\0&0&0&1\\0&1&1&0\end{bmatrix}.$$

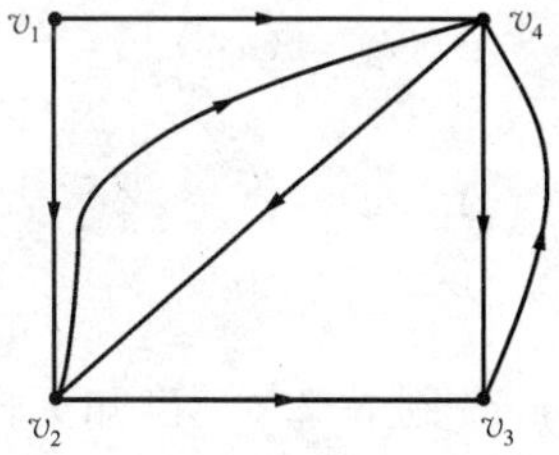

图 6-2-3

例 6.2.4 已知有向图的邻接矩阵 $A(D)=\begin{bmatrix}0&1&0&0\\1&0&1&0\\1&0&0&1\\1&0&0&0\end{bmatrix}$，请画出对应的有向图.

笔记

解 根据邻接矩阵的定义,该有向图 $D=\langle V, E\rangle$ 有四个顶点,如图 6-2-4 所示.

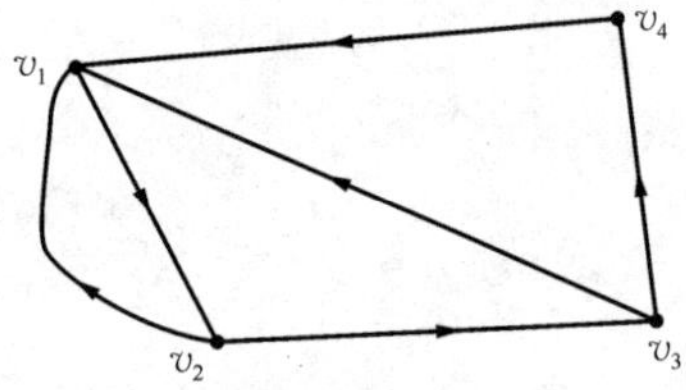

图 6-2-4

通过例 6.2.3 与例 6.2.4,不难发现有向图的邻接矩阵的特征如下.

(1) 有向图的邻接矩阵每一行的元素之和等于该行所对应顶点的所有出度之和;

(2) 有向图的邻接矩阵每一列的元素之和等于该列所对应顶点的所有入度之和;

(3) 有向图的邻接矩阵的所有元素之和等于该有向图的边数.

6.2.2 图的关联矩阵

定义 6.2.3 设无向图 $G=\langle V, E\rangle$ 是一个 (n, m) 图,即 $V=\{v_1, v_2, \cdots, v_n\}$, $E=\{e_1, e_2, \cdots, e_m\}$, 如果用 b_{ij} 表示顶点 v_i 作为边 e_j $(i=1, 2, \cdots, n, j=1, 2, \cdots, m)$ 端点的次数,则称 $n\times m$ 矩阵 $(b_{ij})_{n\times m}$ 为无向图 G 的关联矩阵,记作 $\boldsymbol{M}(G)=(b_{ij})_{n\times m}$.

例 6.2.5 请写出图 6-2-5 所示的无向图的关联矩阵.

解 根据关联矩阵的定义,无向图 $G=\langle V, E\rangle$, $V=\{v_1, v_2, v_3, v_4\}$, $E=\{e_1, e_2, \cdots, e_5\}$ 则,

$$\boldsymbol{M}(G)=(a_{ij})_{4\times 5}=\begin{bmatrix}1&0&0&1&1\\1&1&1&0&0\\0&1&1&1&0\\0&0&0&0&1\end{bmatrix}.$$

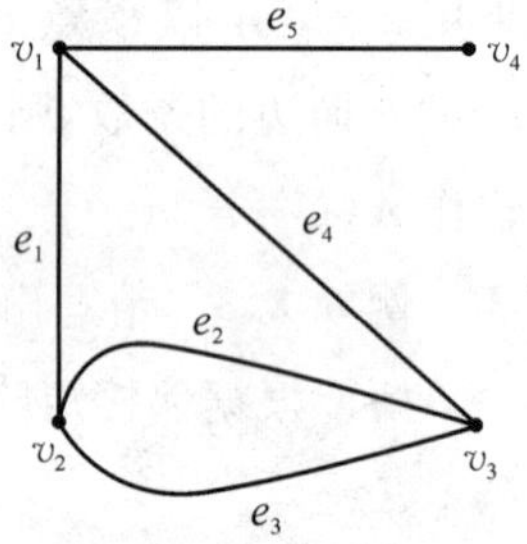

图 6-2-5

例 6.2.6 已知无向图的关联矩阵 $\boldsymbol{M}(G)=\begin{bmatrix}2&1&1&0\\0&1&0&1\\0&0&1&1\end{bmatrix}$,请画出对应的无向图.

解 根据关联矩阵的定义,该无向图 $G=\langle V, E\rangle$ 有三个顶点和四条边,其中有一个环,如图 6-2-6 所示.

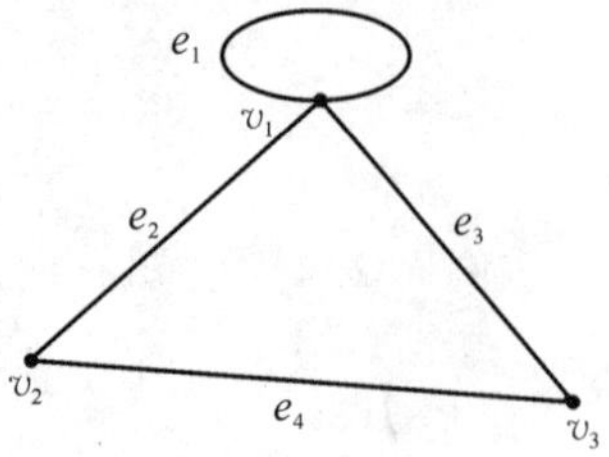

图 6-2-6

通过例 6.2.5 与例 6.2.6,不难发现无向图的关联矩阵的特征如下.

笔记

(1) 无向图的关联矩阵任意一行的元素之和等于该行所对应顶点的度数；

(2) 无向图的关联矩阵任意一列的元素之和等于 2，这是因为与每条边相关联的顶点有 2 个(环的顶点视为 2 个)；

(3) 无向图的关联矩阵的所有元素之和等于该无向图的边数之和的两倍.

定义 6.2.4　设有向图 $D=\langle V, E\rangle$ 是一个没有环的(n, m)图，即 $V=\{v_1, v_2, \cdots, v_n\}$，$E=\{e_1, e_2, \cdots, e_m\}$，如果 $b_{ij}(i=1, 2, \cdots, n, j=1, 2, \cdots, m)$表示与边相关联的顶点的情况，即

$$b_{ij}=\begin{cases}1, & \text{若顶点 } v_i \text{ 是边 } e_j \text{ 的起点，}\\ 0, & \text{若顶点 } v_i \text{ 不是边 } e_j \text{ 的起点和终点，}\\ -1, & \text{若顶点 } v_i \text{ 是边 } e_j \text{ 终点，}\end{cases}$$

则称 $n\times m$ 矩阵$(b_{ij})_{n\times m}$ 为有向图 D 的关联矩阵，记为 $\boldsymbol{M}(D)=(b_{ij})_{n\times m}$.

例 6.2.7　请写出图 6-2-7 所示的有向图 D 的关联矩阵.

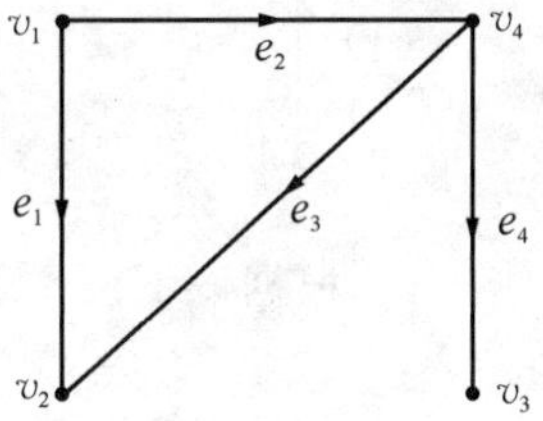

图 6-2-7

解　根据有向图关联矩阵的定义，有向图 $D=\langle V, E\rangle$，$V=\{v_1, v_2, v_3, v_4\}$，$E=\{e_1, e_2, e_3, e_4\}$，则

$$\boldsymbol{M}(D)=(b_{ij})_{4\times 4}=\begin{bmatrix}1 & 1 & 0 & 0\\ -1 & 0 & -1 & 0\\ 0 & 0 & 0 & -1\\ 0 & -1 & 1 & 1\end{bmatrix}.$$

例 6.2.8　已知有向图的关联矩阵 $\boldsymbol{M}(D)=\begin{bmatrix}1 & -1 & 0 & 1 & 0\\ -1 & 1 & 1 & 0 & -1\\ 0 & 0 & -1 & -1 & 1\end{bmatrix}$，请画出对应的有向图.

解　根据有向图关联矩阵的定义，该有向图 $D=\langle V, E\rangle$ 有三个顶点，五条边，如图 6-2-8 所示.

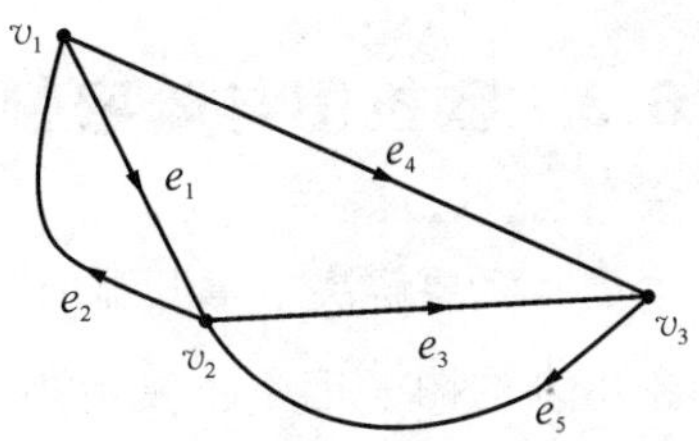

图 6-2-8

通过例 6.2.7 与例 6.2.8，不难发现有向图的关联矩阵的特征如下：

(1) 有向图的关联矩阵任意一行的元素1的个数等于该顶点的出度,元素-1的个数等于该顶点的入度;

(2) 有向图的关联矩阵任意一列的所有元素之和都等于0,因为每条有向边都有一个起点和一个终点;

(3) 有向图的关联矩阵所有元素之和等于0,即所有的元素1的个数等于所有的元素-1的个数,且都等于该有向图中有向边的条数.

能力训练 6.2

1. 现有如图6-2-9所示的有向图,求:

(1) 各顶点的出度和入度;

(2) 该图的邻接矩阵和关联矩阵.

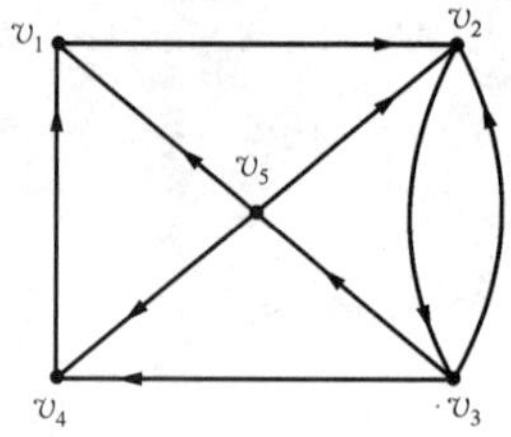

图6-2-9

2. 根据以下两个邻接矩阵,画出相对应的无向图.

$$(1)\begin{bmatrix}2&1&0\\1&0&2\\0&2&0\end{bmatrix};\qquad(2)\begin{bmatrix}0&1&1&2\\1&0&0&1\\1&0&0&1\\2&1&1&0\end{bmatrix}.$$

3. 根据以下两个邻接矩阵,画出相对应的有向图.

$$(1)\begin{bmatrix}1&2&1\\2&0&0\\1&2&0\end{bmatrix};\qquad(2)\begin{bmatrix}0&1&0&0\\0&0&1&1\\1&1&0&1\\1&0&0&0\end{bmatrix}.$$

4. 根据下面的关联矩阵,画出对应的有向图.

$$\boldsymbol{A}(D)=\begin{bmatrix}1&0&-1&0&0\\-1&0&0&1&-1\\0&1&0&-1&0\\0&-1&1&0&1\end{bmatrix}.$$

文本:能力训练6.2参考答案

6.3 欧拉图与哈密顿图

其实要解决本章开篇的“柯尼斯堡七桥问题”,就是看能否将其抽象出来的图一笔不重复地画完,在学习完本节内容后,大家就非常清楚这类问题的解决方法了.

笔记

6.3.1 欧拉图

定义 6.3.1　在无向图 $G=\langle V, E\rangle$ 中,包含了所有边的一条简单通(回)路称为欧拉通(回)路. 具有欧拉回路的图叫作欧拉图.

从定义 6.3.1 中可以看出,只要存在具备欧拉通(回)路的无向图,就可以将这个无向图从头画到尾并且没有重复边,也就是说可以将这个图一笔画完,那么如何判定一个无向图是否存在欧拉通(回)路呢? 下面给出具体的方法:

定理 6.3.1　非平凡无向图 $G=\langle V, E\rangle$ 存在欧拉通路的充要条件是非平凡无向图 $G=\langle V, E\rangle$ 是连通图,并且有零个或两个结点的度数为奇数,其余结点的度数为偶数.

度数为奇数的结点是该欧拉通路中的起点和终点.

定理 6.3.2　非平凡无向图 $G=\langle V, E\rangle$ 是欧拉图的充要条件是非平凡无向图 $G=\langle V, E\rangle$ 是连通图,并且所有结点的度数为偶数.

例 6.3.1　利用上述定理说明图 6-1-1 和图 6-1-2 所示的“柯尼斯堡七桥问题”是否有解.

解　利用上述定理可以求出“柯尼斯堡七桥问题”是无解的. 因为“柯尼斯堡七桥问题”对应的非平凡无向图中的每个结点的度数都为奇数,而且结点数是 4.

定义 6.3.2　在有向图 $G=\langle V, E\rangle$ 中,包含了所有有向边的一条简单通(回)路称为欧拉通(回)路. 具有欧拉回路的图叫作欧拉图.

定理 6.3.3　有向图 $G=\langle V, E\rangle$ 存在欧拉通路的充要条件是有向图 $G=\langle V, E\rangle$ 是单向连通图,并且图 G 中恰有两个结点的度数为奇数,其中一个入度比出度大 1,另一个出度比入度大 1,而其余结点的入度与出度相等.

定理 6.3.4　有向图 $G=\langle V, E\rangle$ 是欧拉图的充要条件是有向图 $G=\langle V, E\rangle$ 是强连通图,并且图 G 中每个结点的入度与出度相等.

6.3.2 哈密顿(Hamilton)图

欧拉图用于研究在一个图中能否遍历所有的边而不重复,而在图论中,还有一种与欧拉图非常相似的图,叫作哈密顿图,它用于研究在一个图中能否遍历所有的点而不重复.

哈密顿图的研究起源于一个叫作“周游世界”的游戏,它是由爱尔兰数学家哈密顿于 1859 年提出的,这个游戏把一个正十二面体的

笔记

20 个顶点看成是地球上的 20 个城市，棱看成是连接城市之间的交通路线，要求游戏玩家从一个城市出发，沿棱经过所有城市 1 次且仅 1 次后回到出发的城市.

如果将正十二面体的 20 个顶点视作一个图的结点，棱视作与各结点相关联的边，就得到平面上的一个图，如图 6-3-1 所示，此游戏就转化为寻找一条通过图中每个结点一次的回路.

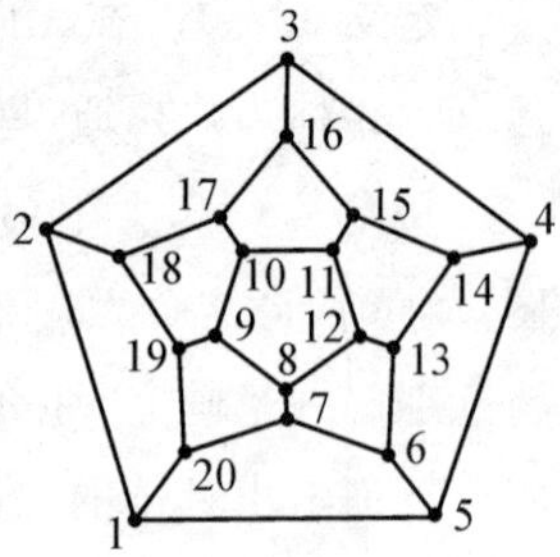

图 6-3-1

定义 6.3.3 经过图 $G=\langle V, E\rangle$ 中所有结点 1 次且仅 1 次的通(回)路称为哈密顿通(回)路. 具有哈密顿回路的图称为哈密顿图.

如果图 $G=\langle V, E\rangle$ 是一个(n, m)图，则图 $G=\langle V, E\rangle$ 中的哈密顿通路有 $n-1$ 条边，哈密顿回路有 n 条边.

到目前为止，人们已经比较成功地解决了欧拉图的判定问题，而哈密顿图的判定问题至今都没有得出一个充要条件，人们也只能是尝试性地解决类似问题.

定理 6.3.5 若简单无向图 $G=\langle V, E\rangle$ 中任意两个不相邻的结点 v_i, v_j 的度数 $d(v_i)+d(v_j)\geqslant n-1$，则该简单无向图 $G=\langle V, E\rangle$ 存在哈密顿通路.

定理 6.3.6 设简单无向图 $G=\langle V, E\rangle$ 是(n, m)图(其中 $n\geqslant 3$)，若图 G 中任意两个不相邻的顶点 v_i, v_j 的度数 $d(v_i)+d(v_j)\geqslant n$，则该简单无向图 $G=\langle V, E\rangle$ 存在哈密顿回路，图 G 是哈密顿图.

6.3.3 应用拓展

例 6.3.2 洒水车在城市街道执行洒水任务，所负责街道的分布图如图 6-3-2 所示，如果该洒水车从装水点 A 出发，能否通过所有的街道不重复而回到停车点 B.

解 解决这个问题的关键就是判断这个街道分布图是否存在从装水点 A 到停车点 B 的欧拉通路. 由各点度数及定理 6.3.1 可知，这样的欧拉通路是存在的，比如$(A, C, G, F, D, E, F, B, G, A, B)$，当然这条欧拉通路不是唯一的.

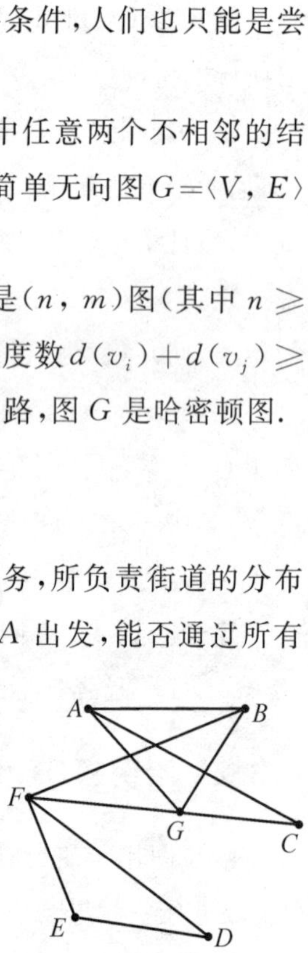

图 6-3-2

例 6.3.3 某国际会议共有 8 人参加，他们都来自不同的国家. 若他们中任何两个无共同语言的人，其每一个人与其余有共同语言的人数之和大于或等于 8，问能否将这 8 个参会人员排在圆桌就座，使其中的每个人都能与两边的人交谈？

解　分别用 v_1，v_2，v_3，…，v_7，v_8 来表示参加该会议的 8 个人，若 v_i 与 v_j $(i \neq j)$ 有共同语言，就用无向边连接 v_i 与 v_j，这样由点集 $V=\{v_1, v_2, \cdots, v_n\}$ 和边集 $E=\{(v_i, v_j)\}$ 就组成了 8 阶简单无向图 $G=\langle V, E\rangle$，那么 $d(v_i)$ 就表示与 v_i 有共同语言的人数. 现假设 v_{i_1} 与 v_{i_2} 没有共同语言，则由题意知，$d(v_{i_1})+d(v_{i_2}) \geqslant 8$. 由定理 6.3.6 可知，该图中存在哈密顿回路，按此回路的顺序安排座次就可以达到任何人都能与两边的人交谈的目的.

能力训练 6.3

1. 一个快递中转站位于某城市的点 A 处，一名快递员要将三个包裹分别送往该城市的点 B、C、D 处，各处之间的路程长度如图 6－3－3 所示，送完后快递员需要返回中转站取新的包裹继续派送，派送员该如何安排路线使得送包裹的路程最短？

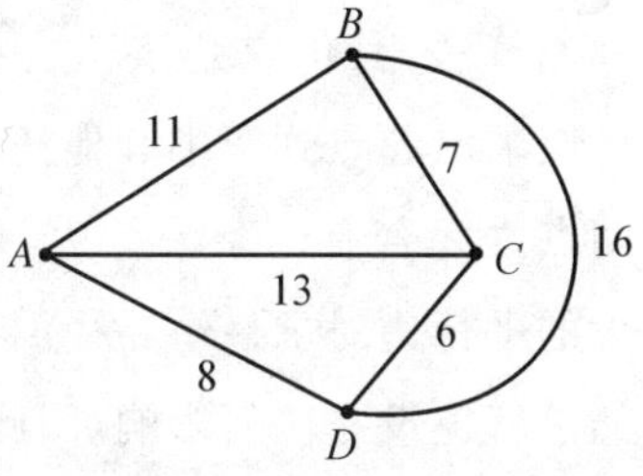

图 6－3－3

2. 图 6－3－4 中的各图，哪些能一笔画完，哪些不能？（所谓一笔画完的要求是边不能重复）

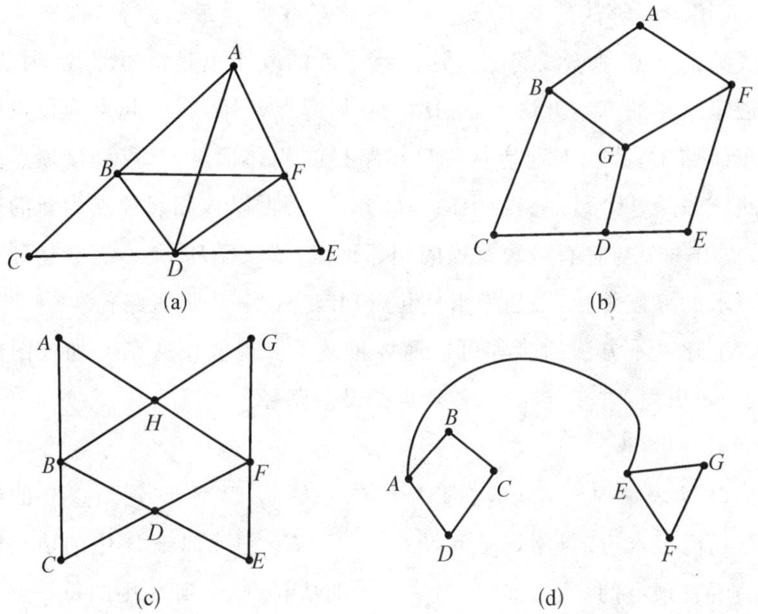

图 6－3－4

文本：能力训练 6.3
参考答案

笔记

6.4 最短路径问题

最短路径问题在实际中有着非常广泛的应用,最常见的就是寻找两点之间的最短距离,这里的"距离"可以是长度、时间、效率等不同意义下的某个赋权图中权数之和. 所谓的最短路径问题,就是如何在众多的路径中寻找一条权数之和最小的路径.

6.4.1 最短路径问题的算法

在求最短路径的算法中, Dijkstra(迪克斯特拉)算法是公认比较好的算法,其优点是该算法不仅可以求出起点到终点的最短路径,还可以求出起点到图中其他任意一个顶点的最短路径. 由于在一个图的两点之间若有两条平行边,则最短路径只可能走权小的那条边,即权大的平行边对求最短路径没有任何影响,而且带环图的权对最短路径的求解也没有任何影响,因此可以假设所讨论的图是个简单图.

对于简单图 $G=\langle V, E\rangle$ 的每一条边,可以赋予一个实数 $\omega(e)$,称为边 e 的权,图 G 连同它边上的权叫作**赋权图**. 图 G 的权为 $\sum\limits_{e\in E(G)}\omega(e)$,而要解决最短路径的问题,实际上就是在一个赋权图中找出满足条件的具有最小权的子图 H,及求出最小的 $\sum\limits_{e\in E(G)}\omega(e)$.

Dijkstra 算法的基本思想是: 若某条线路是最短路径,那么从这条线路的起点到该线路上其他任意一点的线路也是最短路径. 因此,求最短路径的基本方法可以归纳为: 从起点开始,在以起点为顶点的所有线路上,找出与起点构成最短路径的相邻顶点,起点到该顶点的线路应该是整个最短路径中的一部分,然后再以该相邻顶点为新的起点,找出一个与它有最短路径的相邻顶点,依次循环下去,直至达到问题要求的终点为止,最后得出从起点到终点的一条最短路径.

上述基本方法的步骤可以简要描述为: 现假设从某一加权图的顶点 v_0 出发,求 v_0 到其余各顶点的最短路径.

第一步:

以 U 表示顶点的集合,即对于 $\forall v\in U$,从起点 v_0 到顶点 v 的最短路径已经求出. 再用 S 表示图 $G=\langle V, E\rangle$ 中除属于 U 中的顶点以外的所有顶点的集合,即 $S=V-U$. 即从起点 v_0 到 S 中的每一点 s_i 的最短路径是待求的. 显然,一开始时有 $U=\{u_0\}(u_0=v_0)$, $S=V-$

笔记

$\{v_0\}$. 用 k 表示计算步骤,此时令 $k=0$.

第二步:

先给 S 中的每一个顶点 s_i 赋予一个指数 $l(s_i)$,而指数 $l(s_i)$是指如果从 v_0 到 s_i 有边,则 $l(s_i)=\omega(v_0, s_i)$,否则 $l(s_i)=+\infty$. 求出 $l(s_i)$与 $s_i\in S$ 中的较小值,即

$$l(u_k)=\min\{l(s_i), s_i\in S\},$$

则有 $u_k=v_i$. 然后求出 $U=U\cup\{v_i\}$ 和 $S=V-\{v_i\}$. 则得到从 v_0 到 v_i 的最短路径 u_0u_1. 若 $S\neq\varnothing$,则 $k=k+1$, 继续进行下一步,否则终止计算.

第三步:

再为 S 中的每一个顶点 s_i 赋予一个新的指数

$$l(s_i)=\min\{l(s_i), l(u_{k-1})+\omega(v_i, s_i)\},$$

求出 $l(u_k)=\min\{l(s_i), s_i\in S\}$,则有 $u_k=v_i$,然后求出 $U=U\cup\{v_i\}$ 和 $S=V-\{v_i\}$,则得到从 v_0 到 v_i 的最短路径 u_0u_1, u_1u_2. 若 $S\neq\varnothing$,则 $k=k+1$, 返回第三步继续进行重复的运算,否则终止计算.

例 6.4.1　在下图的赋权图 G(图 6-4-1)中,求出从 v_1 到 v_6 的最短路径.

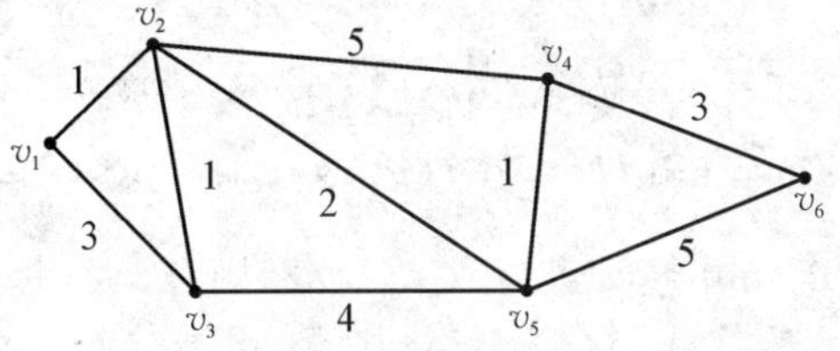

图 6-4-1

解　根据上述方法的基本步骤,图 $G=\langle V, E\rangle$ 中, $V=\{v_1, v_2, v_3, v_4, v_5, v_6\}$, U 表示顶点的集合,即对于 $\forall v\in U$,从起点 v_1 到顶点 v 的最短路径已经求出. 再用 S 表示图中除属于 U 中的顶点以外的所有顶点的集合,即 $S=V-U$, 即从起点 v_1 到 S 中的每一点 s_i 的最短路径是待求的. 用 k 表示计算步骤.

第一步:

当 $k=0$ 时,表示 v_1 到 v_1 的最短路径为 0,此时所有的 $l(s_i)=+\infty$,显然,一开始时有 $U=\{u_1\}(u_1=v_1)$, $S=V-\{v_1\}=\{s_2, s_3, s_4, s_5, s_6\}=\{v_2, v_3, v_4, v_5, v_6\}$.

笔记

第二步：

当 $k=1$ 时，先给 S 中的每一个顶点 s_i 赋予一个指数 $l(s_i)$，而指数 $l(s_i)$ 是指如果从 v_1 到 s_i 有边，则 $l(s_i)=\omega(v_1, s_i)$，否则 $l(s_i)=+\infty$.

由图 6-4-1 可知，v_1 到 s_2 有边，v_1 到 s_3 有边，则指数

$$l(s_1)=\omega(v_1, s_2)=1,$$
$$l(s_2)=\omega(v_1, s_3)=3,$$
$$l(s_3)=\omega(v_1, s_4)=+\infty,$$
$$l(s_4)=\omega(v_1, s_5)=+\infty,$$
$$l(s_5)=\omega(v_1, s_6)=+\infty.$$

求出 $l(u_2)=\min\{l(s_i), s_i\in S\}=l(s_1)=1$，则有 $u_2=v_2$. 然后求出 $U=U\cup\{u_i\}=\{u_1, u_2\}$ 和 $S=V-\{v_i\}=\{s_3, s_4, s_5, s_6\}=\{v_3, v_4, v_5, v_6\}$. 则得到从 v_1 到 v_2 的最短路径 u_1u_2. 因为此时 $S\neq\varnothing$，则 $k=k+1$，继续进行下一步.

第三步：

当 $k=2$ 时，再为 S 中的每一个顶点 s_i 赋予一个新的指数 $l(s_i)$，比如

$$l(s_2)=\min\{l(s_2), l(u_2)+\omega(v_2, s_3)\}=2,$$
$$l(s_3)=\min\{l(s_3), l(u_2)+\omega(v_2, s_4)\}=6,$$
$$l(s_4)=\min\{l(s_4), l(u_2)+\omega(v_2, s_5)\}=3,$$
$$l(s_5)=\min\{l(s_5), l(u_2)+\omega(v_2, s_6)\}=+\infty.$$

求出 $l(u_3)=\min\{l(s_i), s_i\in S\}=2$，则有 $u_3=v_3$，然后求出 $U=U\cup\{v_i\}=\{u_1, u_2, u_3\}$ 和 $S=V-\{v_i\}=\{s_4, s_5, s_6\}=\{v_4, v_5, v_6\}$，则得到从 v_1 到 v_3 的最短路径 u_1u_2，u_2u_3. 此时 $S\neq\varnothing$，则 $k=k+1$，继续进行下一步.

第四步：

当 $k=3$ 时，再为 S 中的每一个顶点 s_i 赋予一个新的指数 $l(s_i)$，比如

$$l(s_3)=\min\{l(s_3), l(u_3)+\omega(v_3, s_4)\}=6,$$
$$l(s_4)=\min\{l(s_4), l(u_3)+\omega(v_3, s_5)\}=3,$$
$$l(s_5)=\min\{l(s_5), l(u_3)+\omega(v_3, s_6)\}=+\infty.$$

求出 $l(u_4)=\min\{l(s_i), s_i\in S\}=3$，则有 $u_4=v_5$，然后求出 $U=$

笔记

$U\cup\{v_i\}=\{u_1, u_2, u_3, u_5\}$ 和 $S=V-\{v_i\}=\{s_4, s_6\}=\{v_4, v_6\}$，则得到从 v_1 到 v_5 的最短路径 u_1u_2，u_2u_4. 此时 $S\neq\varnothing$，则 $k=k+1$，继续进行下一步.

第五步：

当 $k=4$ 时，再为 S 中的每一个顶点 s_i 赋予一个新的指数 $l(s_i)$，比如

$$l(s_3)=\min\{l(s_3),\ l(u_4)+\omega(v_5, s_4)\}=4,$$
$$l(s_5)=\min\{l(s_5),\ l(u_4)+\omega(v_5, s_6)\}=8.$$

求出 $l(u_5)=\min\{l(s_i),\ s_i\in S\}=4$，则有 $u_5=v_4$，然后求出 $U=U\cup\{v_i\}=\{u_1, u_2, u_3, u_4, u_5\}$ 和 $S=V-\{v_i\}=\{s_6\}=\{v_6\}$，则得到从 v_1 到 v_4 的最短路径 u_1u_2，u_2u_4，u_4u_5. 此时 $S\neq\varnothing$，则 $k=k+1$，继续进行下一步.

第六步：

当 $k=5$ 时，再为 S 中的每一个顶点 s_i 赋予一个新的指数 $l(s_i)$，比如

$$l(s_5)=\min\{l(s_5),\ l(u_5)+\omega(v_4, s_6)\}=7.$$

求出 $l(u_5)=\min\{l(s_i),\ s_i\in S\}=7$ 则有 $u_6=v_6$，然后求出 $U=U\cup\{v_i\}=\{u_1, u_2, u_3, u_4, u_5, u_6\}$ 和 $S=V-\{v_i\}=\varnothing$，则得到从 v_1 到 v_6 的最短路径 u_1u_2，u_2u_4，u_4u_5，u_5u_6. 此时 $S=\varnothing$，则终止运算.

所以，从 v_1 到 v_6 的最短路径 $v_1v_2v_5v_4v_6$，其权数为 7.

上述过程也可以用一个比较简单的表格表示出来，见表 6－4－1.

表 6－4－1

k	v_1	v_2	v_3	v_4	v_5	v_6
0	[0]	$+\infty$	$+\infty$	$+\infty$	$+\infty$	$+\infty$
1		[1]	3	$+\infty$	$+\infty$	$+\infty$
2		v_1	[2]	6	3	$+\infty$
3			v_2	6	[3]	$+\infty$
4				[4]	v_2	8
5				v_5		[7]
6						v_4

笔记

6.4.2 应用拓展

例 6.4.2 某物流公司要将货物从 A 市运往 G 市,若 A 市到 G 市的公路网如图 6-4-2 所示,该如何确定路线使路程最短呢?

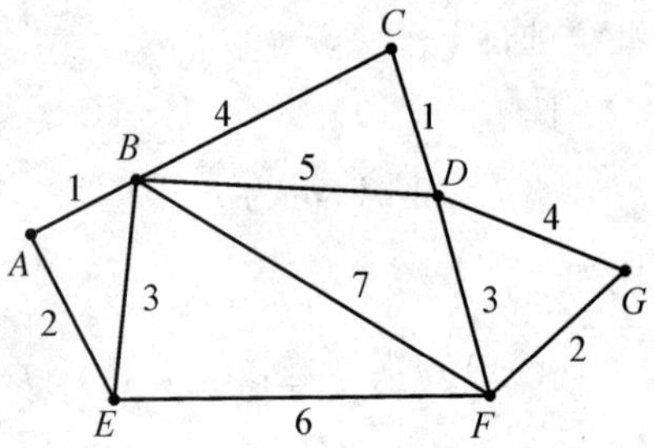

图 6-4-2

解 用 Dijkstra 算法解决这个问题.

列表 6-4-2.

表 6-4-2

k	A	B	C	D	E	F	G
0	0	$+\infty$	$+\infty$	$+\infty$	$+\infty$	$+\infty$	$+\infty$
1		[1]	$+\infty$	$+\infty$	2	$+\infty$	$+\infty$
2		A	5	6	[2]	8	$+\infty$
3			[5]	6	A	8	$+\infty$
4			B	[6]		8	$+\infty$
5				B, C		[8]	[10]
6						B, E	[10]
							D, F

因此最短路径为 $AEFG$ 或者 $ABFG$ 或者 $ABDG$ 或者 $ABCDG$,其长度均为 10.

习题六

1. 设图 $G=\langle V, E\rangle$ 是一个无向图,$V=\{v_1, v_2, \cdots, v_8\}$,$E=\{(v_1, v_2), (v_2, v_3), (v_1, v_3), (v_1, v_5), (v_3, v_4), (v_4, v_5), (v_7, v_8)\}$.

(1) 画出该无向图;

(2) 求出每个结点的度数;

(3) 写出与 v_1 邻接的结点和关联的边;

(4) 写出与 (v_3, v_4) 邻接的边和关联的点.

2. 若无向图 $G=\langle V, E\rangle$ 中有 12 条边,其中有 6 个度数为 3 的结点,其余结点的度数均为 2,则该无向图一共有多少个结点?

3. 请画出邻接矩阵为 $\begin{bmatrix} 0 & 2 & 0 & 1 \\ 2 & 0 & 3 & 0 \\ 0 & 3 & 0 & 2 \\ 1 & 0 & 2 & 0 \end{bmatrix}$ 的无向图.

4. 请画出关联矩阵为 $\begin{bmatrix} 1 & 0 & -1 & 0 & 0 \\ -1 & 1 & 0 & -1 & 0 \\ 0 & 0 & 0 & 1 & 1 \\ 0 & -1 & 1 & 0 & -1 \end{bmatrix}$ 的有向图，并写出它的邻接矩阵.

5. 9 位同学参加夏令营，晚餐为 9 人圆桌. 他们希望每次就餐时，两边邻座的人都不同，按照这一要求，他们最多能有几天共进晚餐？

6. 请找出图 6 - 5 - 1 中的欧拉通路.

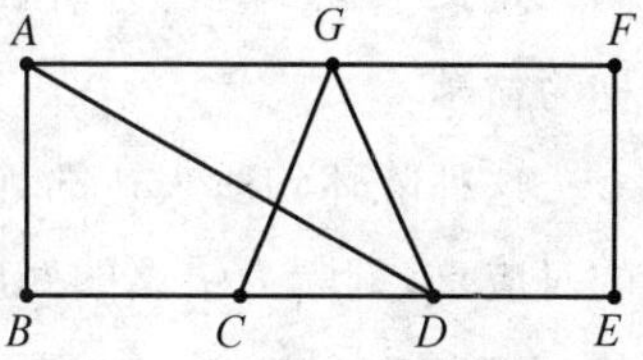

图 6 - 5 - 1

文本：能力训练六
参考答案

第7章 命题逻辑

笔记

数理逻辑是用数学方法来研究推理的形式结构和推理规律的学科，它在计算机科学、语言学、人工智能等方面有着重要的应用. 它研究的主要问题是推理. 命题逻辑是数理逻辑的一个重要组成部分，是构成推理的基本单位.

7.1 命题与联结词

7.1.1 命题

定义 7.1.1 表达判断的语言是陈述句，能够判断正误的陈述句称为**命题**.

这种陈述句所表达的判断只有正确或错误两种结果，判断为正确的对应真，判断为错误的对应假.

定义 7.1.2 一个命题的真或假称为命题的**真值**.

真值只能取真或假两个值，任何命题的真值都是唯一的，称真值为真的命题为**真命题**，真值为假的命题为**假命题**.

判断一个句子是否为命题可以分为两步：

(1) 判断它是否为陈述句；

(2) 判断它能否确定正确或错误.

例如，“1 年有 12 个月.”“地球在不停地自转.”“0 比 1 大.”等都是能够判断真假的陈述句，因此都是命题. 前两个命题是正确的，是真命题，第三个命题是错误的，是假命题. 又如，“今天真热啊!”“明天你去吗?”“请出去!”等就不是命题，因为它们都不是陈述句. “我正在说谎.”虽然是一个陈述句，但是它无法判断正误，因为它是自相矛盾的一句话，所以也不是命题.

例 7.1.1 判断下列哪些语句是命题.

(1) 离散数学是计算机科学系的一门必修课；

(2) 7 能被 2 整除；

(3) 请关上门!

(4) $x+y>0$；

(5) 蓝色和黄色可以调成绿色；

笔记

(6) 这个颜色真漂亮啊！

(7) 什么时候去旅游？

(8) 如果太阳从西边出来，他可以完成这项任务．

解　(1)(2)(5)(8)都是命题，因为它们都是可以判断真假的陈述句，(3)是祈使句，(6)是感叹句，(7)是问句，所以它们都不是命题，(4)虽然是陈述句，但是在没有前提条件的情况下不能判断真假，所以也不是命题．

7.1.2　联结词与命题符号化

定义 7.1.3　不能再分解为其他命题的命题称为**原子命题**或**简单命题**．由原子命题和联结词构成的命题称为**复合命题**．

复合命题总可以分解为原子命题用联结词联结的形式．

例如："太阳是从东方升起的．""雪是白的．"都是原子命题，而"如果太阳是从东方升起的，那么雪是白的．"就是复合命题．

表示原子命题的符号称为**命题标识符**．如"P：太阳是从东方升起的"，P 就是命题标识符，"："代表表示的意思．

定义 7.1.4　设 P 是一个命题，命题"非 P"称为 P 的否定式，记作 $\neg P$．"$\neg$"称为**否定联结词**．

定义 7.1.5　设 P，Q 是两个命题，命题"P 并且 Q"(或"P 与 Q")称为 P，Q 的合取式，记作 $P \wedge Q$．"$\wedge$"称为**合取联结词**．

一般地，由"不但……而且……""既……又……""一边……一边……"等联结词复合而成的命题都可以构成合取式．

定义 7.1.6　设 P，Q 是两个命题，命题"P 或 Q"称为 P，Q 的析取式，记作 $P \vee Q$．"$\vee$"称为**析取联结词**．

定义 7.1.7　设 P，Q 是两个命题，命题"如果 P，则 Q"称为 P，Q 的蕴涵式，记作 $P \to Q$．称 P 为蕴涵式的前件，Q 为蕴涵式的后件，"$\to$"称为**蕴涵联结词**．

$P \to Q$ 的逻辑关系表示 P 是 Q 的充分条件或者 Q 是 P 的必要条件．

一般地，由"只要……就……""因为……所以……""只有(除非)……才……"等联结词复合而成的命题都可以构成蕴涵式．

注意：(1) 在自然语言中，"如果 P，则 Q"往往具有其意思上的某种内在的联系，而在数理逻辑中，P、Q 可以没有任何内在联系．比如：如果雪是白的，则 $1+1=2$．

笔记

(2) 在平时的语言表达中,“如果 P,则 Q”往往表达的是条件 P 为真时结果 Q 也为真的逻辑关系,但是在数理逻辑中,并不是这样的,作为一种规定,当条件 P 为假时,命题 $P\to Q$ 的结果总是为真.

定义 7.1.8 设 P, Q 是两个命题,命题“P 当且仅当 Q”称为 P, Q 的等价式,记作 $P\leftrightarrow Q$.“$\leftrightarrow$”称为**等价联结词**.

下面用表 7-1-1 具体表示命题的真值,此表称为命题的**真值表**.

表 7-1-1

P	Q	$\neg P$	$P\wedge Q$	$P\vee Q$	$P\to Q$	$P\leftrightarrow Q$
0	0	1	0	0	1	1
0	1	1	0	1	1	0
1	0	0	0	1	0	0
1	1	0	1	1	1	1

以上定义了五种最基本、最常用、也是最重要的命题联结词,$\neg$、$\wedge$、$\vee$、$\to$、$\leftrightarrow$组成的一个集合$\{\neg,\wedge,\vee,\to,\leftrightarrow\}$称为联结词集,其中“$\neg$”为一元联结词,其余的是二元联结词.使用这些联结词得到的命题形式称为命题的逻辑运算,所以,这些联结词也称为逻辑运算符.联结词可以多次嵌套使用,从而可以将多个命题组成更为复杂的命题,为了便于讨论复杂命题的真值情况,在本书中,规定逻辑运算符的运算顺序从左到右依次为:$\neg,\wedge,\vee,\to,\leftrightarrow$.如果有括号,则先算括号里面的逻辑运算符.

定义 7.1.9 把一个文字型的命题用相应的命题标识符、联结词和圆括号表示成字符串的过程称为**命题的符号化**.

例 7.1.2 将下列命题符号化.

(1) 小红边跳边唱;

(2) 如果天不下雨,那么他和我都去参加活动;

(3) 小王要么住在 1 楼,要么住在 2 楼;

(4) 除非 a 能被 2 整除,否则不能被 4 整除;

(5) 我要么买苹果,要么买梨;

(6) 李明和李亮是双胞胎兄弟.

解 (1) 设 P:小红跳舞,Q:小红唱歌,该命题符号化为 $P\wedge Q$.

(2) 设 P:天下雨,Q:他去参加活动,R:我去参加活动,该命题

符号化为 $\neg P \to (Q \wedge R)$.

(3) 设 P：小王住 1 楼，Q：小王住 2 楼，该命题符号化为 $(\neg P \wedge Q) \vee (P \wedge \neg Q)$.

(4) 设 P：a 能被 2 整除，Q：a 能被 4 整除，该命题符号化为 $\neg P \to \neg Q$.

(5) 设 P：我买梨，Q：我买苹果，该命题符号化为 $P \vee Q$.

(6) 因为"李明是双胞胎兄弟"与"李亮是双胞胎兄弟"都不是命题，所以只能将其符号化为 P：李明和李亮是双胞胎兄弟.

注意：在(3)和(5)中的命题都有表示"或"的意思，但是(3)是"不可兼或"，即是说两种情况非此即彼，不能兼有，而(5)是"可兼或"，即是说两者都可以同时兼有.

能力训练 7.1

1. 判断下列语句哪些是命题. 是命题的，请再判断该命题是原子命题还是复合命题？若是复合命题，指出它由哪些原子命题构成.

(1) 明天你有空吗？

(2) 质数加质数还是质数；

(3) 小明和小花都在一年级六班；

(4) 只要明天不下雨，我就骑车上学；

(5) 如果 $1+1=3$，那么 $2+2=4$；

(6) 这朵花真漂亮啊！

(7) 李华要么住 201 室，要么住 202 室；

(8) 我正在说谎；

(9) 中国是世界上人口最多的国家；

(10) 我既会英语也会中文.

2. 将下列命题符号化.

(1) 有志者，事竟成；

(2) 小王或老李有一个人要去出差；

(3) 若要人不知，除非己莫为；

(4) 我和青青是好朋友；

(5) 小东晚上要回家，除非天下大雨；

(6) 除非堵车，否则他不会迟到；

(7) 侈而惰者贫，而力而俭者富(韩非，《韩非子・显学》).

文本：能力训练 7.1
参考答案

笔记

7.2 命题公式与赋值

7.2.1 命题公式

定义 7.2.1 一个命题标识符如果表示的命题真值确定，就称为**命题常元**，如果表示的真值不确定，就称为**命题变元**.

定义 7.2.2 **命题公式**是按照下列规则定义的字符串：

(1) 单个命题常元和命题变元是命题公式；

(2) 如果 P 是命题公式，那么 $\neg P$ 也是命题公式；

(3) 如果 P，Q 是命题公式，那么 $(P\wedge Q)$，$(P\vee Q)$，$(P\rightarrow Q)$，$(P\leftrightarrow Q)$ 也是命题公式；

(4) 经过有限次的使用(1)、(2)、(3)所组成的字符串是命题公式.

根据定义，$((\neg P\wedge Q)\rightarrow R)$、$((P\rightarrow Q)\vee\neg R)$ 等都是命题公式，但是如 $(PQ\rightarrow R)$、$(\vee P)$ 等就不是命题公式.

定义 7.2.3 设 G 是命题公式，P，Q，…，R，S 是命题公式 G 中的所有命题变元，规定 P，Q，…，R，S 的一组真值，则这组真值称为命题公式 G 的赋值或解释. 使命题公式 G 的真值为 1 的赋值称为命题公式 G 的成真赋值，使命题公式 G 的真值为 0 的赋值称为命题公式 G 的成假赋值.

例 7.2.1 设 P：$2+2=4$，Q：44 是素数，R：2 是有理数，求下列命题的真值.

(1) $(P\wedge Q)\rightarrow R$； (2) $(Q\vee R)\rightarrow(P\rightarrow\neg R)$.

解 命题 P、Q、R 的真值分别为 1、0、1，那么

(1) $(P\wedge Q)\rightarrow R$，也就是 $(1\wedge 0)\rightarrow 1$ 的真值为 1.

(2) $(Q\vee R)\rightarrow(P\rightarrow\neg R)$，也就是 $(0\vee 1)\rightarrow(1\rightarrow 0)$ 的真值为 0.

一般地，若命题公式 G 中含有 $n\ (n\geqslant 1)$ 个不同的原子命题，则对命题公式 G 共有 2^n 个不同的赋值. 将命题公式 G 的所有赋值情况列表，则称为命题公式 G 的**真值表**. 构造真值表的步骤如下：

(1) 找出命题公式中所含的所有命题变元，然后按照二进制依次对其赋值；

(2) 按逻辑运算顺序写出命题公式的各个层次；

(3) 对应各个赋值计算出各层次的真值，直到计算出最后公式的真值为止.

笔记

例 7.2.2　求下列命题的真值表.

(1) $\neg(P \to Q) \vee R$；　　(2) $\neg(P \vee Q) \leftrightarrow (\neg P \wedge \neg Q)$.

解　(1) 命题公式 $\neg(P \to Q) \vee R$ 的真值表如下.

P	Q	R	$P \to Q$	$\neg(P \to Q)$	$\neg(P \to Q) \vee R$
0	0	0	1	0	0
0	0	1	1	0	1
0	1	0	1	0	0
0	1	1	1	0	1
1	0	0	0	1	1
1	0	1	0	1	1
1	1	0	1	0	0
1	1	1	1	0	1

(2) 命题公式 $(\neg(P \vee Q) \leftrightarrow (\neg P \wedge \neg Q)$ 的真值表如下.

P Q	$P \vee Q$	$\neg(P \vee Q)$	$\neg P$	$\neg Q$	$\neg P \wedge \neg Q$	$\neg(P \vee Q) \leftrightarrow (\neg P \wedge \neg Q)$
0 0	0	1	1	1	1	1
0 1	1	0	1	0	0	1
1 0	1	0	0	1	0	1
1 1	1	0	0	0	0	1

定义 7.2.4　设 A 是一个命题公式.

(1) 若 A 在它的任何赋值下真值为 1，则称 A 为永真式或重言式；

(2) 若 A 在它的任何赋值下真值为 0，则称 A 为永假式或矛盾式；

(3) 若 A 的真值至少有一组为 1，且至少有一组为 0，则称 A 为可满足式.

例如例 7.2.2 中的(1)就是可满足式，(2)就是永真式.

7.2.2　等值演算

在构造命题公式 $P \to Q$ 与 $\neg P \vee Q$ 的真值表时，虽然公式表面上形式不同，但是它们的真值表却完全相同. 这种情况并非偶然，人们可以构造出许多表面形式不同但是真值情况完全一致的命题公式.

笔记

定义 7.2.5 设 P, Q 是两个命题公式, P, Q 在任意解释下的真值相同,则称命题 P, Q 是等值的,记作 $P \Leftrightarrow Q$.

显然,公式 $P \Leftrightarrow Q$ 的充要条件是 $P \leftrightarrow Q$ 为永真式.

例 7.2.3 利用真值表证明两个命题公式是等值的:

$$P \leftrightarrow Q \Leftrightarrow (P \rightarrow Q) \wedge (Q \rightarrow P).$$

证明 列出两个命题公式的真值表如下.

P	Q	$P \leftrightarrow Q$	$P \rightarrow Q$	$Q \rightarrow P$	$(P \rightarrow Q) \wedge (Q \rightarrow P)$
0	0	1	1	1	1
0	1	0	1	0	0
1	0	0	0	1	0
1	1	1	1	1	1

利用真值表,可以得到很多命题公式等值式,下面给出常见的命题公式等值式.

(1) 双重否定律 $P \Leftrightarrow \neg\neg P$.

(2) 幂等律 $P \Leftrightarrow P \wedge P$, $P \Leftrightarrow P \vee P$.

(3) 交换律 $P \wedge Q \Leftrightarrow Q \wedge P$, $P \vee Q \Leftrightarrow Q \vee P$,
$P \leftrightarrow Q \Leftrightarrow Q \leftrightarrow P$.

(4) 结合律 $(P \wedge Q) \wedge R \Leftrightarrow P \vee (Q \wedge R)$,
$(P \vee Q) \vee R \Leftrightarrow P \vee (Q \vee R)$,
$P \leftrightarrow (Q \leftrightarrow R) \Leftrightarrow (P \leftrightarrow Q) \leftrightarrow R$.

(5) 分配律 $P \wedge (Q \vee R) \Leftrightarrow (P \wedge Q) \vee (P \wedge R)$,
$P \vee (Q \wedge R) \Leftrightarrow (P \vee Q) \wedge (P \vee R)$.

(6) 同一律 $P \wedge 1 \Leftrightarrow P$, $P \vee 0 \Leftrightarrow P$.

(7) 零律 $P \vee 1 \Leftrightarrow 1$, $P \wedge 0 \Leftrightarrow 0$.

(8) 德摩根律 $\neg(P \vee Q) \Leftrightarrow \neg P \wedge \neg Q$, $\neg(P \wedge Q) \Leftrightarrow \neg P \wedge \neg Q$.

(9) 吸收律 $P \wedge (P \vee Q) \Leftrightarrow P$, $P \vee (P \wedge Q) \Leftrightarrow P$.

(10) 补余律 $P \vee \neg P \Leftrightarrow 1$, $P \wedge \neg P \Leftrightarrow 0$.

(11) 蕴涵等值式 $P \rightarrow Q \Leftrightarrow \neg P \vee Q \Leftrightarrow \neg Q \rightarrow \neg P$.

(12) 等价等值式 $P \leftrightarrow Q \Leftrightarrow (P \rightarrow Q) \wedge (Q \rightarrow P) \Leftrightarrow (P \wedge Q) \vee (\neg P \wedge \neg Q) \Leftrightarrow \neg P \leftrightarrow \neg Q$.

(13) 输出律 $(P \wedge Q) \rightarrow R \Leftrightarrow P \rightarrow (Q \rightarrow R)$.

(14) 归谬律　$(P \to Q) \wedge (P \to \neg Q) \Leftrightarrow \neg P$.

要想证明两个命题公式是等值的,除了用真值表以外,还可以用命题公式等值式进行等值演算.

例 7.2.4　用等值演算法证明等值式.

(1) $(P \wedge Q) \vee (P \wedge \neg Q) \Leftrightarrow P$;

(2) $P \to (Q \to R) \Leftrightarrow (P \wedge Q) \to R$.

证明　(1) $(P \wedge Q) \vee (P \wedge \neg Q) \Leftrightarrow P \wedge (Q \vee \neg Q) \Leftrightarrow P \wedge 1 \Leftrightarrow P$.

(2) $P \to (Q \to R) \Leftrightarrow P \to (\neg Q \vee R) \Leftrightarrow \neg P \vee (\neg Q \vee R) \Leftrightarrow$

$(\neg P \vee \neg Q) \vee R \Leftrightarrow \neg (P \wedge Q) \vee R \Leftrightarrow (P \vee Q) \to R$.

7.2.3　公式的蕴涵

定义 7.2.6　设 P, Q 是两个命题公式,对任意解释,如果 P 为真,则 Q 为真,那么称 P 蕴涵 Q,记为 $P \Rightarrow Q$.

显然,公式 $P \Rightarrow Q$ 的充分必要条件是 $P \to Q$ 为永真式.

例 7.2.5　利用真值表证明:$(P \to Q) \wedge (Q \to R) \Rightarrow P \to R$.

证明　列出两个命题公式的真值表如下:

P	Q	R	$P \to Q$	$Q \to R$	$(P \to Q) \wedge (Q \to R)$	$P \to R$
0	0	0	1	1	1	1
0	0	1	1	1	1	1
0	1	0	1	0	0	1
0	1	1	1	1	1	1
1	0	0	0	1	0	0
1	0	1	0	1	0	1
1	1	0	1	0	0	0
1	1	1	1	1	1	1

由真值表可以发现,当命题公式 $(P \to Q) \wedge (Q \to R)$ 为真时,命题公式 $P \to R$ 也为真,所以 $(P \to Q) \wedge (Q \to R) \Rightarrow P \to R$.

利用真值表,可以得出很多蕴涵式:

(1) 化简　$P \wedge Q \Rightarrow P$, $P \wedge Q \Rightarrow Q$.

(2) 化简变形式　$\neg (P \to Q) \Rightarrow P$, $\neg (P \to Q) \Rightarrow \neg Q$.

(3) 附加　$P \Rightarrow P \vee Q$, $Q \Rightarrow P \vee Q$.

(4) 附加变形式　$\neg P \Rightarrow P \to Q$, $Q \Rightarrow P \to Q$.

笔记

(5) 析取三段论　$\neg P \wedge (P \vee Q) \Rightarrow Q$.

(6) 假言推理　$P \wedge (P \to Q) \Rightarrow Q$.

(7) 拒取式　$\neg Q \wedge (P \to Q) \Rightarrow \neg P$.

(8) 条件三段论　$(P \to Q) \wedge (Q \to R) \Rightarrow P \to R$.

(9) 双条件三段论　$(P \leftrightarrow Q) \wedge (Q \leftrightarrow R) \Rightarrow P \leftrightarrow R$.

(10) 前件附加　$(Q \to R) \Rightarrow ((P \vee Q) \to (P \vee R))$,

$(Q \to R) \Rightarrow ((P \to Q) \to (P \to R))$.

蕴涵关系性质如下：

(1) 自反性　对任意公式 P,有 $P \Rightarrow P$.

(2) 反对称性　对任意公式 P、Q,若 $P \Rightarrow Q$ 且 $Q \Rightarrow P$,则有 $P \Leftrightarrow Q$.

(3) 传递性　对任意公式 P、Q、R,若 $P \Rightarrow Q$ 且 $Q \Rightarrow R$,则有 $P \Rightarrow R$.

要想证明两个命题公式的蕴涵关系,除了用真值表以外,还可以用命题公式等值式进行等值演算,以及用分析法进行证明.

定理 7.2.1　$P \Leftrightarrow Q$ 的充要条件是 $P \Rightarrow Q$ 且 $Q \Rightarrow P$.

例 7.2.5　证明 $P \wedge (P \to Q) \Rightarrow Q$.

证明　只需证明 $P \wedge (P \to Q) \to Q$ 为永真式.

$$P \wedge (P \to Q) \to Q \Leftrightarrow \neg(P \wedge (\neg P \vee Q)) \vee Q \Leftrightarrow$$
$$\neg P \vee \neg(\neg P \vee Q) \vee Q \Leftrightarrow$$
$$(\neg P \vee Q) \vee \neg(\neg P \vee Q) \Leftrightarrow 1,$$

即
$$P \wedge (P \to Q) \Rightarrow Q.$$

能力训练 7.2

1. 设命题 P, Q 的真值为 0,命题 R, S 的真值为 1,求下列各命题公式的真值.

(1) $(P \wedge (Q \vee S)) \to R$;　　(2) $(\neg P \wedge \neg Q) \to R$;

(3) $(Q \leftrightarrow S) \vee (\neg P \wedge R)$;　　(4) $P \to (Q \to \neg R)$.

2. 写出下列命题公式的真值表,并判定命题公式的"真""假"类型.

(1) $R \to (P \wedge Q \wedge R)$;　　(2) $(\neg P \vee Q) \leftrightarrow R$;

(3) $(P \to R) \wedge Q$;　　(4) $(P \to Q) \vee (Q \to R) \to \neg R$.

3. 化简下列命题公式.

(1) $(P \wedge Q \wedge R) \vee (\neg P \wedge Q \wedge R) \vee Q$;

(2) $\neg(P \to Q) \vee \neg P \vee Q$；

(3) $(P \wedge Q) \vee \neg(\neg P \vee Q)$.

4. 证明下列等值式.

(1) $(P \to Q) \wedge (P \to R) \Leftrightarrow P \to (Q \wedge R)$；

(2) $\neg(P \leftrightarrow Q) \Leftrightarrow (P \vee Q) \wedge \neg(P \wedge Q)$.

5. 证明下列蕴涵式.

(1) $(P \to Q) \to Q \Rightarrow P \vee Q$；

(2) $\neg Q \wedge (P \vee Q) \Rightarrow P$.

文本：能力训练 7.2
参考答案

7.3　范式与主范式

确定一个命题公式是永真式、永假式或者可满足式的问题称为命题公式的判定问题. 从上节的内容可以发现，有时两个表面上形式不同的命题公式却有着相同的真值结果，所以，命题公式的表示形式不唯一会给命题公式的判定问题带来一定的难度. 并且，一个命题公式经过恒等变形后，还可以有很多种不同的表示形式，这进一步给命题的判定问题增加了更多障碍. 如果使用不恰当的等价公式进行演算，可能会使命题公式变得越来越复杂，这就达不到研究命题公式的目的. 本节将介绍如何用命题的等值演算将命题公式等值地化为两种规范化的形式（范式），即主析取范式和主合取范式.

笔记

7.3.1　析取范式与合取范式

定义 7.3.1　仅有有限个命题变元及其否定式构成的析取式称为**简单析取式**. 仅有有限个命题变元及其否定式构成的合取式称为**简单合取式**.

例如 P，$\neg P$，$P \vee Q$，$P \vee \neg Q$，$\neg P \vee Q$，$P \vee Q \vee R$，$P \vee Q \vee \neg R$，$\neg P \vee Q \vee \neg Q$ 是简单析取式；P，$\neg P$，$P \wedge Q$，$P \wedge \neg Q$，$\neg P \wedge Q$，$P \wedge Q \wedge R$，$P \wedge Q \wedge \neg R$，$\neg P \wedge Q \wedge \neg Q$ 是简单合取式.

注意：一个命题变元或命题变元的否定式既可以是简单析取式，也可以是简单合取式.

定义 7.3.2　由有限个简单合取式构成的析取式称为**析取范式**. 由有限个简单析取式构成的合取式称为**合取范式**. 析取范式和合取范式统称为**范式**.

例如 $P \vee \neg P$，$(P \wedge Q) \vee (P \wedge \neg P)$，$\neg P \vee Q \vee R$ 是析取范式，

笔记

$P\wedge\neg P$，$(P\vee Q)\wedge R$，$\neg P\wedge Q\wedge R$ 是合取范式.

定理 7.3.1 一个析取范式是永假式的充要条件是它的每个简单合取式都是永假式.一个合取范式是永真式的充要条件是它的每个简单合取式都是永真式.

研究范式是为了对给定的公式进行等值演算，然后化成与其等值的析取范式或合取范式后，再将公式化成与之等值的主析取范式或主合取范式，这样就能更好地解决命题公式的判定问题.

通过观察范式的表现形式，可以发现范式中是不含有联结词“→”以及“↔”的，可以借助7.2中命题公式的等值演算，将“→”以及“↔”化为只含有“¬，∧，∨”联结词的形式，比如：

(1) $P\to Q\Leftrightarrow\neg P\vee Q$；

(2) $P\leftrightarrow Q\Leftrightarrow(P\wedge Q)\vee(\neg P\wedge\neg Q)$.

还可以利用命题公式等值演算的德摩根律，将否定联结词作用到命题变元之前，比如：

(3) $\neg(P\vee Q)\Leftrightarrow\neg P\wedge\neg Q$；

(4) $\neg(P\wedge Q)\Leftrightarrow\neg P\vee\neg Q$.

还可以利用命题公式等值演算中的分配律，使得在析取范式中不出现 $P\wedge(Q\vee R)$ 的形式，在合取范式中不出现 $P\vee(Q\wedge R)$ 的形式，比如：

(5) $P\wedge(Q\vee R)\Leftrightarrow(P\wedge Q)\vee(P\wedge R)$；

(6) $P\vee(Q\wedge R)\Leftrightarrow(P\vee Q)\wedge(P\vee R)$.

定理 7.3.2 任意命题公式都存在与之等值的析取范式和合取范式.

现在给出将命题公式化为范式的具体步骤：

(1) 根据命题公式的等值演算，消去命题公式中除¬，∧，∨以外的联结词；

(2) 利用命题公式的等值演算，将否定联结词作用到命题变元之前；

(3) 利用结合律和分配律，将命题公式化为析取范式式合取范式，若求析取范式，可以利用∧对∨的分配律，若求合取范式，可以利用∨对∧的分配律.

例 7.3.1 求公式 $(P\to Q)\leftrightarrow R$ 的析取范式和合取范式.

解 先求析取范式

$$(P\to Q)\leftrightarrow R\Leftrightarrow(\neg P\vee Q)\leftrightarrow R$$

笔记

$$\Leftrightarrow ((\neg P \lor Q) \land R) \lor (\neg(\neg P \lor Q) \land \neg R)$$
$$\Leftrightarrow (\neg P \land R) \lor (Q \land R) \lor ((P \land \neg Q) \land \neg R)$$
$$\Leftrightarrow (\neg P \land R) \lor (Q \land R) \lor (P \land \neg Q \land \neg R),$$

再求合取范式

$$(P \to Q) \leftrightarrow R \Leftrightarrow (\neg P \lor Q) \leftrightarrow R$$
$$\Leftrightarrow (\neg(\neg P \lor Q) \lor R) \land (\neg R \lor (\neg P \lor Q))$$
$$\Leftrightarrow ((P \land \neg Q) \lor R) \land (\neg R \lor \neg P \lor Q)$$
$$\Leftrightarrow (P \lor R) \land (\neg Q \land R) \land (\neg R \lor \neg P \lor Q).$$

定理 7.3.3　一个命题公式为永假式的充要条件是它的析取范式中每个简单合取式至少包含一个命题变元及其否定式. 一个命题公式为永真式的充要条件是它的合取范式中每个简单析取式至少包含一个命题变元及其否定式.

7.3.2　主析取范式与主合取范式

定义 7.3.3　在含有 n 个不同命题变元的简单合取式中,若每个命题变元与其否定式不同时出现,但两者之一必须出现一次且仅出现一次,这样的简单合取式称为**极小项**. 在含有 n 个不同命题变元的简单析取式中,若每个命题变元与其否定式不同时出现,但两者之一必须出现一次且仅出现一次,这样的简单析取式称为**极大项**.

从定义 7.3.3 中可以看出,极小项是**特殊的**简单合取式. 比如,命题公式 $P \land \neg Q \land Q$ 是一个简单合取式,但不是极小项,因为命题变元 Q 与它的否定式同时出现,如果将 Q 或者其否定式的其中之一删除,便构成极小项,如 $P \land Q$ 或者 $P \land \neg Q$ 都是极小项;对于极大项同理.

因此,如果有两个命题变元 P, Q,那么它们构成的极小项有 $P \land Q$, $\neg P \land Q$, $P \land \neg Q$, $\neg P \land \neg Q$,构成的极大项有 $P \lor Q$, $\neg P \lor Q$, $P \lor \neg Q$, $\neg P \lor \neg Q$;

如果有三个命题变元 P, Q, R,那么它们构成的极小项有 $P \land Q \land R$, $\neg P \land Q \land R$, $P \land \neg Q \land R$, $\neg P \land \neg Q \land R$, $P \land Q \land \neg R$, $\neg P \land Q \land \neg R$, $P \land \neg Q \land \neg R$, $\neg P \land \neg Q \land \neg R$,构成的极大项有 $P \lor Q \lor R$, $\neg P \lor Q \lor R$, $P \lor \neg Q \lor R$, $\neg P \lor \neg Q \lor R$, $P \lor Q \lor \neg R$, $\neg P \lor Q \lor \neg R$, $P \lor \neg Q \lor \neg R$, $\neg P \lor \neg Q \lor \neg R$.

显然, n 个命题变元各有 2^n 个极小项和极大项.

在极小项中,将命题变元的原形对应为 1,否定形对应为 0,则可

笔记

对 2^n 个极小项依照二进制数进行编码，记作 m_i，其下标 i 是由二进制数转化成的十进制数. 比如，两个命题变元 P，Q，它们构成的极小项和二进制编码见表 7-3-1.

表 7-3-1

极小项	二进制赋值	真值情况	十进制数	编码记号
$\neg P\wedge\neg Q$	0　0	0	0	m_0
$\neg P\wedge Q$	0　1	0	1	m_1
$P\wedge\neg Q$	1　0	0	2	m_2
$P\wedge Q$	1　1	1	3	m_3

不难发现，每个极小项都有且仅有一个成真赋值.

在极大项中，将命题变元的原形对应为 0，否定形对应为 1，则可对 2^n 个极大项依照二进制数进行编码，记作 M_i，其下标 i 是由二进制数转化成的十进制数. 比如，两个命题变元 P，Q，它们构成的极大项和二进制编码见表 7-3-2.

表 7-3-2

极大项	二进制赋值	真值情况	十进制数	编码记号
$P\vee Q$	0　0	0	0	M_0
$P\vee\neg Q$	0　1	1	1	M_1
$\neg P\vee Q$	1　0	1	2	M_2
$\neg P\vee\neg Q$	1　1	1	3	M_3

不难发现，每个极大项都有且仅有一个成假赋值.

定义 7.3.4　若由 n 个不同的命题变元 $P_1, P_2, \cdots, P_n$ 的极小项组成的析取式与命题公式 A 等值，那么就称该析取式为命题公式 A 的**主析取范式**. 若由 n 个不同的命题变元 $P_1, P_2, \cdots, P_n$ 的极大项组成的合取式与命题公式 A 等值，那么就称该合取式为命题公式 A 的**主合取范式**.

可以证明，任何命题公式都存在与之等值的主析取范式与主合取范式，并且是唯一的.

下面介绍求命题公式的主析取范式和主合取范式的方法.

例 7.3.2　求公式 $((P\vee Q)\to R)\to P$ 的主析取范式.

解　**方法一**　利用等值演算的方法来求解.

$((P\vee Q)\to R)\to P \Leftrightarrow \neg(\neg(P\vee Q)\vee R)\vee P$

笔记

$$\Leftrightarrow ((P\vee Q)\wedge\neg R)\vee P$$
$$\Leftrightarrow (P\wedge\neg R)\vee(Q\wedge\neg R)\vee P$$
$$\Leftrightarrow P\vee(Q\wedge\neg R)$$
$$\Leftrightarrow (P\wedge(Q\vee\neg Q)\wedge(R\vee\neg R))\vee ((P\vee\neg P)\wedge Q\wedge\neg R)$$
$$\Leftrightarrow (((P\wedge Q)\vee(P\wedge\neg Q))\wedge(R\vee\neg R))\vee ((P\wedge Q\wedge\neg R)\vee(\neg P\wedge Q\wedge\neg R))$$
$$\Leftrightarrow ((P\wedge Q)\wedge(R\vee\neg R))\vee((P\wedge\neg Q)\wedge (R\vee\neg R))\vee(P\wedge Q\wedge\neg R)\vee(\neg P\wedge Q\wedge\neg R)$$
$$\Leftrightarrow (P\wedge Q\wedge R)\vee(P\wedge Q\wedge\neg R)\vee(P\wedge\neg Q\wedge R)\vee(P\wedge\neg Q\wedge\neg R)\vee (P\wedge Q\wedge\neg R)\vee(\neg P\wedge Q\wedge\neg R)$$
$$\Leftrightarrow (P\wedge Q\wedge R)\vee(P\wedge Q\wedge\neg R)\vee(P\wedge\neg Q\wedge R)\vee(P\wedge\neg Q\wedge\neg R)\vee(\neg P\wedge Q\wedge\neg R)$$
$$\Leftrightarrow m_2\vee m_4\vee m_5\vee m_6\vee m_7.$$

方法二 利用真值表来求解，列真值表如下.

P	Q	R	$P\vee Q$	$(P\vee Q)\rightarrow R$	$((P\vee Q)\rightarrow R)\rightarrow P$	十进制数
0	0	0	0	1	0	0
0	0	1	0	1	0	1
0	1	0	1	0	1	2
0	1	1	1	1	0	3
1	0	0	1	0	1	4
1	0	1	1	1	1	5
1	1	0	1	0	1	6
1	1	1	1	1	1	7

由真值表可以看出，二进制编码 010、100、101、110、111 是该命题公式的成真赋值，而它们对应的十进制数分别是 2、4、5、6、7，故极小项的符号就是 m_2，m_4，m_5，m_6，m_7，所以命题公式的主析取范式为

$$((P\vee Q)\rightarrow R)\rightarrow P\Leftrightarrow m_2\vee m_4\vee m_5\vee m_6\vee m_7.$$

例 7.3.3 求公式$((P\vee Q)\rightarrow R)\rightarrow P$ 的主合取范式.

笔记

解　方法一　我们利用等值演算的方法来求解.

$$
\begin{aligned}
((P\vee Q)\to R)\to P &\Leftrightarrow \neg(\neg(P\vee Q)\vee R)\vee P\\
&\Leftrightarrow ((P\vee Q)\wedge\neg R)\vee P\\
&\Leftrightarrow (P\wedge\neg R)\vee(Q\wedge\neg R)\vee P\\
&\Leftrightarrow P\vee(Q\wedge\neg R)\\
&\Leftrightarrow (P\vee Q)\wedge(P\vee\neg R)\\
&\Leftrightarrow ((P\vee Q)\vee(R\wedge\neg R))\wedge((P\vee\neg R)\vee\\
&\quad (Q\wedge\neg Q))\\
&\Leftrightarrow ((P\vee Q\vee R)\wedge(P\vee Q\vee\neg R))\wedge\\
&\quad ((P\vee Q\vee\neg R)\wedge(P\vee\neg Q\vee\neg R))\\
&\Leftrightarrow (P\vee Q\vee R)\wedge(P\vee Q\vee\neg R)\wedge\\
&\quad (P\vee\neg Q\vee\neg R)\\
&\Leftrightarrow M_0\wedge M_1\wedge M_3.
\end{aligned}
$$

方法二　利用真值表来求解,列真值表如下.

P	Q	R	$P\vee Q$	$(P\vee Q)\to R$	$((P\vee Q)\to R)\to P$	十进制数
0	0	0	0	1	0	0
0	0	1	0	1	0	1
0	1	0	1	0	1	2
0	1	1	1	1	0	3
1	0	0	1	0	1	4
1	0	1	1	1	1	5
1	1	0	1	0	1	6
1	1	1	1	1	1	7

由真值表可以看出,二进制编码000、001、011是该命题公式的成假赋值,而它们对应的十进制数分别是0、1、3,故极大项的符号就是M_0,M_1,M_3,所以命题公式的主合取范式为

$$((P\vee Q)\to R)\to P\Leftrightarrow M_0\wedge M_1\wedge M_3.$$

7.3.3　应用拓展

例7.3.4　有一个逻辑学家误入某部落,他被拘禁在牢房里,酋长知道他是一名逻辑学家后就想为难他.有一天,酋长召见这位逻辑学家,说:"我现在给你一个回家的机会,就看你能不能把握住了."于是

笔记

酋长派人将逻辑学家带到两扇门的面前，每道门前都有一个看门人．酋长对逻辑学家说："这两扇门一道是生门，一道是死门，你可以任意开启一道，只要你选到了生门，我就放了你，决不食言．而且我还允许你向两个看门人中的一个问一个问题，但是他们两个人当中有一个只说真话，有一个只说假话．"

逻辑学家沉思了一会儿，就向其中的一个看门人提问，然后便从容地离开了这个部落．那么这个逻辑学家问了一个什么问题呢？

解　逻辑学家随意选择了一个看门人，然后指着他身后的那一扇门问他："如果我问另一个人'这扇门是死门吗？'，他会回答'是'，对吗？"如果该看门人回答"对"，那么逻辑学家就能断定这是生门，当该看门人回答"不对"，逻辑学家就可以断定这是死门．

现在用所学的知识来验证这个结果的正确性．

设 P：被问的看门人是只说真话的人．

Q：被问的看门人回答的是"对"．

S：该门是死门．

那么 $S \Leftrightarrow (P \wedge \neg Q) \vee (\neg P \wedge \neg Q)$

$\Leftrightarrow (P \vee \neg P) \wedge \neg Q$

$\Leftrightarrow \neg Q.$

因此，只要被问的看门人回答的是"对"，那么该门就是生门，否则该门是死门．

例 7.3.5　某单位要派张、陈、李、王、周当中的一些人去参加培训，培训的条件是：

(1) 若张去，陈也去；

(2) 王、周两人中必有一人去；

(3) 陈、李两人中去且仅有一人去；

(4) 李、王两人同去或同不去；

(5) 若周去，则张、陈也去．

该如何选派参加培训的人员呢？

解　设 P：派张去，Q：派陈去，R：派李去，S：派王去，T：派周去．

由已知条件，可以得到

$$(P \to Q) \wedge (S \vee T) \wedge ((Q \wedge \neg R) \vee (\neg Q \wedge R)) \wedge (R \leftrightarrow S) \wedge (T \to (P \wedge Q))$$

$$\Leftrightarrow (\neg P \vee Q) \wedge (S \vee T) \wedge ((Q \wedge \neg R) \vee (\neg Q \wedge R)) \wedge ((R \wedge S) \vee$$

$(\neg R\wedge\neg S))\wedge(\neg T\vee(P\wedge Q))$

$\Leftrightarrow(\neg P\vee Q)\wedge(S\vee T)\wedge((Q\wedge\neg R\wedge\neg S)\vee(\neg Q\wedge R\wedge S))\wedge$

$(\neg T\vee(P\wedge Q))$

$\Leftrightarrow((\neg P\wedge S\wedge\neg T)\vee(Q\wedge S\wedge\neg T)\vee(S\wedge P\wedge Q)\vee$

$(T\wedge P\wedge Q))\wedge((Q\wedge\neg R\wedge\neg S)\vee(\neg Q\wedge R\wedge S))$

$\Leftrightarrow(\neg P\wedge S\wedge\neg T\wedge\neg Q\wedge R)\vee(T\wedge P\wedge Q\wedge\neg R\wedge\neg S)$

$\Leftrightarrow(\neg P\wedge\neg Q\wedge R\wedge S\wedge\neg T)\vee(P\wedge Q\wedge\neg R\wedge\neg S\wedge T)$

$\Leftrightarrow m_6\vee m_{25}$.

因此,有两种选派方案:

(1) 派李、王去,而张、陈、周都不去;

(2) 派张、陈、周去,而李、王不去.

能力训练7.3

1. 求命题公式$(P\wedge\neg Q)\vee(P\vee Q)$的析取范式与合取范式.

2. 求下列命题公式的主析取范式.

(1) $(P\rightarrow Q)\wedge Q$;　　(2) $\neg(P\wedge Q)$;

(3) $(P\wedge Q)\vee R$.

3. 求下列命题公式的主合取范式.

(1) $(P\rightarrow Q)\wedge P$;　　(2) $\neg(P\wedge Q)\wedge(P\vee Q)$.

文本:能力训练7.3
参考答案

习题七

1. 判断下列语句是否为命题.

(1) 太阳系最大的行星是木星;

(2) 请给我一本书;

(3) 1是最小的质数;

(4) $2x+y=5$;

(5) 这是好的吗?

(6) 如果今天不下雨,我就去跑步;

(7) 计算机病毒是一种程序;

(8) 2020年的元旦是星期三.

2. 将下列命题符号化.

(1) 北京既是中国的政治中心也是文化中心;

(2) 冬天来了,大雁南飞;

(3) 如果他会编程序,则他是聪明人;

(4) 我可以走路上班，也可以骑单车上班；

(5) 李明或者是计算机系的学生，或者是数学系的学生.

3. 设 P：我在写论文，Q：我在学校，R：天在下雪. 请将下列命题公式用语言表述出来.

(1) $\neg R$；　　(2) $P \wedge Q$；

(3) $(R \to Q) \to P$；　　(4) $Q \to P$.

4. 设 P、R 的真值为 0，Q、S 的真值为 1，求下列命题公式的真值.

(1) $(P \leftrightarrow Q) \wedge (R \vee \neg S)$；

(2) $(P \vee (Q \wedge R)) \to S$；

(3) $(\neg P \wedge \neg R) \to (Q \vee S)$.

5. 求出下列命题公式的真值表.

(1) $\neg P \to Q$；　　(2) $(P \wedge Q) \to P$；

(3) $\neg(P \wedge \neg Q) \wedge R$；　　(4) $Q \wedge (R \to P) \vee \neg R$.

6. 证明下列命题公式等值.

(1) $(P \wedge Q) \to R \Leftrightarrow P \vee (Q \to R)$；

(2) $(P \wedge Q) \vee \neg(\neg P \vee Q) \Leftrightarrow P$；

(3) $P \to (Q \vee R) \Leftrightarrow (P \wedge \neg Q) \to R$.

7. 求下列公式的主析取范式和主合取范式.

(1) $P \wedge (P \to Q)$；

(2) $\neg(P \vee Q) \vee (P \vee Q)$；

(3) $(P \to Q) \wedge (P \to R)$.

8. 某件事是甲、乙、丙、丁四人中的某一个人干的. 询问这四个人时，他们的回答依次为：

(1) 甲说是丙干的；　　(2) 乙说不是我干的；

(3) 丙说甲讲了谎话；　　(4) 丁说是甲干的.

若他们当中有 3 人说的是实话，1 人说的是假话，那么你知道这件事是谁干的吗？

文本：习题七参考答案

参考文献

[1] 朱建国.计算机应用数学[M].北京：高等教育出版社，2008.

[2] 田廷彦.诡谲数学[M].上海：上海辞书出版社，2013.

[3] 王江荣. 高等应用数学[M]. 北京：高等教育出版社，2016.

[4] 毛志强，焦江福.高等数学[M]. 北京：高等教育出版社，2013.

[5] 侯风波，李仁芮.工科高等数学[M].沈阳：辽宁大学出版社，2008.

[6] 刘树利.计算机数学基础[M].3 版. 北京：高等教育出版社，2010.

[7] 王信峰.计算机数学基础[M]. 北京：高等教育出版社，2009.

[8] 包世堂.离散数学与算法[M]. 北京：中国水利水电出版社，2011.

[9] 朱保平，叶有培，金忠，等.离散数学[M].2 版. 北京：北京理工大学出版社，2014.

[10] 孙道德，王秀友，王敏生.离散数学[M]. 北京：清华大学出版社，2013.